DERNIÈRE ÉPOQUE GÉOLOGIQUE

ET EXPLICATION DES

MYTHES ET LÉGENDES COSMOGONIQUES

DES

DIVERS PEUPLES DE L'ANTIQUITÉ

❧

L'HUMANITÉ A L'ÉPOQUE TERTIAIRE

Par MOREL RATHSAMHAUSEN

ANCIEN OFFICIER DE MARINE

Les Mythes et Légendes cosmogoniques,
sont l'histoire précise et détaillée de l'état
et des phénomènes qui ont précédé, accompagné et suivi la grande catastrophe
diluvienne ; ils sont aussi la base des
religions anciennes.

BORDEAUX

IMPRIMERIE NOUVELLE A. BELLIER

16 — RUE CABIROL — 16

1881

DE LA

DERNIÈRE ÉPOQUE GÉOLOGIQUE

ET EXPLICATION DES

MYTHES ET LÉGENDES COSMOGONIQUES

DES

DIVERS PEUPLES DE L'ANTIQUITÉ

L'HUMANITE A L'EPOQUE TERTIAIRE

PAR MOREL RATHSAMHAUSEN

ANCIEN OFFICIER DE MARINE

> Les Mythes et Légendes cosmogoniques,
> sont l'histoire précise et détaillée de l'état
> et des phénomènes qui ont précédé, accom-
> pagné et suivi la grande catastrophe
> diluvienne ; ils sont aussi la base des
> religions anciennes.

BORDEAUX

IMPRIMERIE NOUVELLE A. BELLIER

16 — RUE CABIROL — 16

1881

DESCRIPTION DE LA DERNIÈRE ÉPOQUE GÉOLOGIQUE

ET

EXPLICATION

Des Mythes et Légendes cosmogoniques

DES DIVERS PEUPLES DE L'ANTIQUITÉ

L'HUMANITÉ A L'ÉPOQUE TERTIAIRE

> Les Mythes et Légendes cosmogoniques, sont l'histoire précise et détaillée de l'état et des phénomènes qui ont précédé, accompagné et suivi la grande catastrophe diluvienne ; ils sont aussi la base des religions anciennes.

La quinzième et dernière des formations géologiques régulières qui se sont succédé sur le globe est la formation falunienne du terrain tertiaire. Elle est suivie, sans transition, des dépôts de glace permanente des pôles et des terrains bouleversés de la période diluvienne dont les derniers dépôts forment la ligne de séparation entre les époques dites géologiques et l'époque dite moderne. Ces deux périodes géologiques sont, à tous les points de vue, les plus intéressantes et les plus instructives. Nous allons tâcher de les décrire.

FORMATION FALUNIENNE

Nos régions continentales actuelles sont débarrassées de la mer qui a laissé, comme témoins de son envahissement et de son séjour prolongé, les dépôts sous-marins auxquels on a donné pour horizon géognostique les grès marins de Fontainebleau.

Le règne organique s'y développe avec une énergie correspondant à l'état des milieux environnants ; or, la faune et la flore des fossiles faluniens prouvent que même les régions polaires, actuellement recouvertes de glaces éternelles, ont joui d'une température méditerranéenne jusqu'à la fin de la formation complète. La vie organique a donc dû être très active.

PREMIER TERME DE LA FORMATION FALUNIENNE. — **Continents émergés.**

Voici les dépôts les plus caractéristiques qui représentent le temps d'émergement des continents, et plus exactement, des localités où gisent ces dépôts.

Ce sont : des couches de calcaire d'eau douce très répandues autour de Paris, à Fontainebleau, dans la Beauce ; elles sont de dureté variable, allant jusqu'à la dureté de pavés ; des molasses d'eau douce renfermant des débris de mammifères terrestres ; des meulières à concrétions siliceuses, les unes renfermant des coquilles terrestres et d'eau douce, les autres exemptes de toute coquille ; les puissantes molasses d'eau douce de l'Armagnac et de l'Albigeois. En Belgique, des dépôts argileux ayant 30 mètres d'épaisseur. En Auvergne, cette assise continentale acquiert des épaisseurs encore plus considérables. En Angleterre, dans toute l'Europe, de même qu'en Amérique, des dépôts équivalents sont très répandus ; mais c'est dans les bassins lacustres de France que se trouvent surtout les remarquables concrétions calcaréo-siliceuses que l'on utilise pour la fabrication des meules. Tous les fossiles caractéristiques de ces couches sont de nature continentale. On y trouve des lignites exploités et des schistes inflammables.

Le règne végétal était déjà arrivé à sa perfection actuelle, et dans nos contrées tempérées l'organisme dycotilédonien prédominait. Voici les principaux végétaux de l'époque : graminées, peupliers, érables, saules, noyers, etc., lycopodes et aussi les palmiers éventails.

A cette flore de l'organisme le plus élevé correspond un règne animal terrestre très remarquable en ce qu'il présente le mélange de l'animalité actuelle et d'une animalité antédiluvienne confinée aujourd'hui dans les régions tropicales ; et cette animalité tropicale était développée non-seulement dans nos régions tempérées, mais aussi, et au même degré, dans les régions actuellement inclémentes du Nord. Ainsi, l'assise continentale renferme, à la fois et dans les mêmes lieux, des restes de mastodontes, rhinocéros, cheval, hippopotame, cerfs, tapirs, lophiodons, bœufs, éléphants, renards, œufs et plumes d'oiseaux.

Tel est le premier terme de la formation falunienne. Sa composition prouve qu'il s'est écoulé un espace de temps considérable entre le retrait de la mer qui a déposé le grès marin de Fontainebleau et l'envahissement de la mer falunienne que nous allons décrire. Mais avant d'aller plus loin, faisons cette observation importante : le dépôt continental falunien est presque la répétition de celui qui précède les dépôts marins dont l'horizon géognostique est le grès marin de Fontainebleau, malgré le grand intervalle de temps qui sépare leur période respective de formation ; ce qui prouve que le globe, à l'époque falunienne, était déjà placé, depuis bien longtemps, dans des conditions physiques sensiblement stables.

DEUXIÈME TERME — **Couche arénacée de la mer falunienne.**

Ce deuxième terme est la grève de la mer falunienne qui déborde de son lit et envahit lentement nos continents, en jetant devant elle un dépôt plagier. La composition et l'épaisseur de cette couche indique qu'il s'est écoulé un intervalle de temps considérable entre le commencement et la fin de l'inondation marine.

Quel doit être l'effet immédiat de la mer à mesure qu'elle avance dans l'intérieur des continents ?

Sur les terrains ordinaires elle produit une grève à galets comme le fait la mer actuelle ; dans les bassins lacustres et aux embouchures des fleuves, elle transforme l'eau douce en eau saumâtre, et les dépôts qui s'y font doivent être un mélange de fossiles continentaux, marins et saumâtres ; lorsqu'elle baigne des relèvements de terrain formant îles ou falaises, la couche arénacée côtière y est placée en stratification discordante par rapport à ces relèvements préexistants. Tels sont, en effet, les différents caractères de la couche arénacée sur laquelle repose le dépôt exclusivement sous-marin de la mer falunienne, dans les localités, d'ailleurs assez rares, où la formation complète a conservé son assiette primitive.

Voici les divers dépôts qui constatent l'existence de ce second terme de la formation. Dans les bassins de la Loire et de la Gironde, dans la Bretagne, etc., ce sont des poudingues, des lits de sable quartzeux et de cailloux roulés renfermant des amas de coquilles brisées. Les grands dépôts lacustres de la précédente couche continentale sont recouverts de sables et cailloutages que la grève y a jetés. Les mêmes faits ont été relevés en Autriche, en Hongrie, etc. Dans le bassin de Paris ce sont des alternances de dépôts marins et fluviatiles qui indiquent un estuaire où débouchaient des cours d'eau. Dans la Méditerranée, ce sont des sables, des marnes micacées qui aboutissent aux marnes subapennines des environs de Turin, et les dépôts plagéens adossés aux chaînes de la Calabre et de la Romagne. En Suisse, les rivages extrêmes de la mer falunienne sont indiqués par un grand dépôt composé de galets arrondis, de débris calcaires et quartzeux agglutinés dans une mollasse.

L'existence de couches équivalentes a été constatée en Amérique. L'envahissement des continents par la mer sur une grande étendue intérieure a donc été général.

Les fossiles répondent exactement aux caractères d'une grève : mélange de coquilles continentales et marines ; os brisés et roulés de mastodontes, rhinocéros, crocodiles, éléphants, cerfs, tortues, castors, etc., rares débris de dinothérium, rats, singes, chats, chauve-souris. La tortue gigantesque trouvée dans l'Inde mesurait 2 mètres de hauteur et 4 mètres de longueur.

La flore de l'époque est représentée par des feuilles et débris de la végétation précédente : noyers, bouleaux, châtaigniers, sycomores, érables, palmiers, etc., et une fougère de même nature que la fougère tropicale, mais qui cesse ici d'être arborescente. On y trouve aussi des troncs d'arbres restés verticaux ; l'un de ces troncs laisse voir 792 cercles concentriques d'accroissement ; mais on ne peut affirmer qu'ils soient annuels, par la raison que l'hiver n'existant pas, l'activité végétative était semblable à celle de nos pays chauds actuels, où les cercles d'accroissement de certains arbres correspondent à des intervalles de temps indéterminés.

Troisième terme. — **Dépôt sous-marin de la mer falunienne.**

Sur la couche arénacée ou grève de la mer falunienne repose, en stratification concordante, la couche exclusivement sous-marine qui s'y est déposée à mesure que la mer acquérait de la profondeur en une localité déterminée. Sa composition varie suivant les localités : bancs d'huîtres, nombreux madrépores, calcaires, marnes, molasses plus ou moins coquillières, bancs de sable. Les remarquables dépôts appelés faluns de la Touraine servent d'horizon géognostique de la formation complète. Ils couvrent une partie de la Touraine et de la Loire-Inférieure. Leur épaisseur moyenne est d'une dizaine de mètres.

En Angleterre, les dépôts faluniens se rencontrent dans des localités plus circonscrites, en raison des reliefs très prononcés du pays. Généralement réunis en amas circonscrits, ces dépôts sous-marins existent partout où se trouve la couche arénacée qui témoigne de l'arrivée de la mer falunienne dans le pays.

Les fossiles les plus remarquables sont : des dents de squales, des échinodermes, côtes de lamentin; restes de dauphins, de mastodontes, de cétacés, et même un squelette de rhinocéros et une tête d'éléphant, tous deux couverts d'huîtres, ce qui indique un séjour prolongé dans des eaux tranquilles.

La formation falunienne est généralement très bouleversée; soumise aux ravages diluviens avant d'avoir acquis la consistance que donne l'exposition à l'air, elle a été facilement entamée, et des amas faluniens, jetés dans des dépressions de terrain, y sont entassés dans l'ordre inverse de la formation successive des parties composantes.

Telles sont les trois couches de la dernière formation géologique régulière. Leur allure n'a été traversée par aucune de ces roches de débâcle qui indiquent un phénomène violent. La distribution géographique de leurs fossiles, animaux et végétaux, accuse nettement une diminution graduelle de la température suivant la latitude; mais la nature des fossiles faluniens appartenant aux régions boréales prouve que notre zone polaire des glaces éternelles, loin d'être inclémente, jouissait alors, et cela jusqu'à la fin de la formation, de la douce température méditerranéenne, sans les rigueurs de l'hiver; elle jouissait aussi d'une activité végétative exceptionnellement luxuriante, puisque les plus grands herbivores de la création, les mammouths, les mastodontes, les rhinocéros y sont représentés par une accumulation de fossiles incomparablement plus abondante que partout ailleurs; elle jouissait du printemps éternel et de la fertilité de l'âge d'or. Les nombreux troupeaux de pachidermes gigantesques qui étaient répandus sur toute la zone du printemps éternel gisent maintenant sous les glaces éternelles. En certains lieux, ils forment des monceaux de squelettes, d'ossements brisés, de défenses d'éléphants, de cornes de rhinocéros. On y trouve des mammouths mesurant sept mètres de hauteur, munis de défenses pesant chacune 100 kilos, quelques-unes allant même jusqu'à 200 kilos. La richesse de l'immense ossuaire est telle que les Sibériens profitant de l'été, surtout des étés extraordinaires, vont exploiter les glaciers comme une mine; et les grands antédiluviens alimentent ainsi un actif commerce d'ivoire depuis plusieurs siècles. On a trouvé des cadavres entiers dans des blocs de glace. D'autres ont été trouvés debout, les membres en station naturelle, l'estomac encore rempli d'aliments non digérés. La mort les a saisis sur place et la congélation du corps a été prompte, et sans retour d'un dégel, car les chairs de quelques-uns sont si bien conservées que les chiens s'en repaissent.

Il est donc évident qu'un hiver rigoureux et constant a subitement succédé, dans nos régions boréales, à une température méditerranéenne constante, en même temps que s'est accompli le premier acte de la catastrophe diluvienne dont la grande animalité falunienne a été la victime immédiate. La paléontologie a aussi établi que ce changement si tranché de la climature s'est opéré également dans les régions tempérées actuelles; il a été général et définitif.

Le contraste, établi sans transition, entre la vie exubérante et la mort sous les glaces éternelles, entre la température estivale constante et la climature générale actuelle de notre hémisphère, suggère naturellement l'hypothèse suivante qui rend exactement compte de toutes les données du grand problème cataclysmique : Le phénomène cataclysmique, la plus grande des catastrophes terrestres, a déterminé l'inclinaison de l'axe de rotation de la terre. L'axe était perpendiculaire au plan de l'écliptique avant la catastrophe; de là l'uniformité et la douceur de la température même dans nos régions polaires. Elles avaient douze heures de soleil par jour et de longs crépuscules; notre vent glacial du nord n'existait pas; elles jouissaient ainsi d'une température printannière, exempte des rigueurs de l'hiver et des ardeurs de l'été. Les autres régions, plus chaudes, étaient également exemptes des variations et des oppositions extrêmes de température, si nuisibles à la végétation et à la santé. L'axe terrestre a été incliné du côté opposé au soleil et, par suite, l'hémisphère nord a été placé en pleine saison d'hiver; la région polaire a été plongée dans sa profonde obscurité hivernale; un froid rigoureux a remplacé la douce température falunienne; l'atmosphère s'est déchargée de ses eaux de saturation précédente; la zone boréale s'est alors couverte de ses premières névées éternelles et a jeté son linceul de glace sur les victimes de la grande catastrophe. Dans nos régions tempérées, toutes les espèces animales et végétales faluniennes, actuellement confinées dans les pays intertropi-

caux, ont succombé à ce brusque passage de la température estivale à la température d'un de nos hivers rigoureux.

Acceptons provisoirement l'hypothèse comme moyen de
se rendre facilement compte des faits matériels dûment cons-
tatés et de les graver dans la mémoire, sauf à la rejeter
comme vérité absolue, si plus tard elle butte à des contra-
dictions ou si les preuves lui font défaut.

Terrain quaternaire.

PÉRIODE DILUVIENNE.

Le terrain quaternaire est le représentant matériel de la
série des phénomènes qui ont accompagné et suivi la catastrophe diluvienne. Il comprend : les traînées de roches erratiques qui partent des régions septentrionales et s'étendent
jusque dans l'intérieur de l'Allemagne, en laissant sur leur
route des quantités innombrables de roches et de cailloutages; les terrains erratiques et de transport; les alluvions
diluviennes; des épanchements laviques d'une abondance
exceptionnelle; des cavernes et crevasses où se sont accumu-
lées, durant toute la période, des amas d'ossements qui témoignent d'une destruction générale de l'animalité au même
degré que les ossuaires de la région des glaces éternelles.

Occupons-nous d'abord de l'œuvre de destruction du
règne animal.

Cavernes à ossements, brèches et crevasses ossi-
fères.

Les monceaux de fossiles antédiluviens qui gisent dans le
terrain glacé de la zone polaire, marquent le début d'une
série de ravages qui ont produit les dépôts fossilifères quaternaires. Les cavernes à ossements, les crevasses et les
brèches ossifères sont intimement liées par leur composition minéralogique aux couches marines bouleversées, bréchiformes du terrain erratique. Les cavernes à ossements
sont répandues sur l'ancien comme sur le nouveau continent,
en France, en Allemagne, en Angleterre, au Brésil, en Australie, etc. L'œuvre de destruction qu'elles représentent a

été universel et non régional. Les dépôts qu'elles renferment se composent, en général, d'ossements empâtés dans un limon mélangé de sables et de cailloux roulés ou brisés, et ce caractère général indique que les cavernes à ossements se sont trouvées sur la route d'un terrain de transport composé des mêmes matériaux mélangés ensemble.

Ces dépôts renferment les fossiles de tous les antédiluviens de la période falunienne et, de plus, des fossiles humains, des poteries usuelles et artistiques, des colliers et autres objets d'ornement, le tout pêle-mêle dans certaines cavernes. Il a été retiré d'une seule caverne un millier d'ossements complets des grands carnivores antédiluviens : des lions de la taille de nos grands bœufs, des ours dépassant en taille la plus grande espèce actuelle.

Enfin, les limons bréchiformes des cavernes renferment dans un état de conservation parfaite et sans distinction aucune entre les premiers et les derniers dépôts, les ossements d'ours, lions, éléphants, rhinocéros, hippopotames. bœufs, chevaux, lapins, loups, renards, lièvres, chiens, chats. Ces cavernes ont-elles servi successivement de repairs à divers carnassiers durant les ravages quaternaires? Il est difficile de l'admettre pour aucune d'elles ; il est impossible de l'admettre pour celles dont les dépôts sont d'un accès impossible aux grands carnassiers, ou qui se trouvent au fond de cavités profondes, d'où les carnassiers n'auraient pu remonter une fois descendus; et les deux cas se présentent.

Parallèlement aux cavernes à ossements, il existe de nombreuses crevasses et fentes à ossements, notamment en Sicile, en Italie, en Corse. Les cadavres y ont été injectés. Les fossiles antédiluviens se trouvent encore en abondance dans les dépôts brécheux quaternaires.

Nous pouvons maintenant nous faire une idée de l'œuvre générale de destruction, en considérant que nous possédons seulement les ossements qui ont été ensevelis et sont ensuite restés sur place, car les cadavres qui sont restés soumis à la même action qui a trituré les roches jusqu'à les réduire à l'état de cailloux et de sables du terrain erratique n'ont pas laissé trace de leur existence, et il en est de même des cadavres restés sur le sol et que les agents atmosphériques et les insectes ont fait disparaître. La profusion des ossements conservés permet aussi de nous faire une idée de la densité de l'animalité répandue sur le globe avant la catastrophe et, par suite, des conditions climatériques exceptionnellement favorables au développement du règne végétal et du règne animal.

Désormais, la nature ne se prête plus au développement individuel des races gigantesques, et les rares individus qui ont survécu à la série des catastrophes et se sont accommodés aux nouvelles conditions physiques engendrent une descendance relativement rabougrie. Tous les antédiluviens aux proportions gigantesques ont disparu du globe.

Nous avons vu que les cavernes à ossements renferment non-seulement des fossiles humains mêlés aux fossiles de l'animalité falunienne, mais encore des poteries, brasselets et autres objets artistiques et industriels.

L'homme quaternaire était donc déjà en possession d'aptitudes artistiques et industrielles et les mettait en pratique. Or, il est inadmissible que le genre humain ait pu naître, se développer et pratiquer des aptitudes de l'ordre le plus élevé dans la néfaste période quaternaire. Le genre humain était donc grandement développé à l'époque falunienne, comme l'était la grande animalité dont les fossiles sont mêlés aux siens, alors que même nos régions hyperboréennes jouissaient d'un printemps éternel et d'une activité végétative capable de satisfaire les appétits de nombreux troupeaux d'éléphants gigantesques (1).

Les races humaines étaient répandues sur tous les conti-

(1) La plupart des géologues modernes disent : « Nous constatons l'existence de fossiles humains dans des dépôts quaternaires bouleversés; mais nous n'allons pas au delà du fait constaté, et nous repoussons toute hypothèse : la philosophie positive le commande. » C'est là une exagération qui mène droit à ce rétrécissement d'esprit des collectionneurs spécialistes, que le maître de la doctrine signale dans ses écrits. Élevons le temple de la philosophie positive; mais ne repoussons pas l'hypothèse, car elle a été le point de départ de grandes vérités. Disons seulement qu'elle doit faire ses preuves sur le parvis, avant d'être logée dans le temple. L'intuition enfante l'hypothèse, la perspicacité soulève le voile qui couvrait la vérité, et l'esprit

nents du globe, et nous allons voir que les hommes antédiluviens qui ont survécu aux calamités diluviennes, nous ont transmis fidèlement, chacun suivant le génie de sa race, toutes les péripéties du grand drame dont ils ont été témoins.

REMARQUE. — La paléontologie générale ne possède que les débris des animaux terrestres qui ont été victimes de quelque accident et ensevelis dans des couches conservatrices. Aussi, l'animalité agile et intelligente qui habitait les plateaux aux époques géologiques, n'a-t-elle laissé que des traces fort rares de son existence. Ainsi, le singe qui vit en société par groupes nombreux, n'a fourni que quelques débris tellement rares que leur découverte a toujours été signalée comme un événement paléontologique. Il en est de même, à un moindre degré, de tous les mammifères carnivores ou rongeurs; cantonnés sur les plateaux que les différentes mers des époques géologiques n'ont pas atteintes, leurs cadavres n'ont pu fournir des fossiles qu'à la condition d'être ensevelis, par suite d'accidents, soit dans des couches locales, soit dans les couches sédimentaires dont la succession est due aux dépôts alternatifs marins et continentaux correspondant aux périodes d'émersion et de submersion des régions basses des continents.

Traditions et mythes cosmogoniques relatifs à l'accomplissement du cataclysme diluvien.

Croyances cosmogoniques actuelles des Indiens d'Amérique et d'Asie.

Voici, sous forme de mythes, les croyances cosmogoniques que Humbold (1) a trouvé également répandues en différents

généralisateur crée la science. Il faut aussi se rappeler, en lisant les ouvrages d'Auguste Comte, que ce grand esprit était hanté par une vilaine passion, l'envie, qui lui a fait commettre des aberrations regrettables. Ainsi, il a placé le professeur de Blainville au-dessus du grand Cuvier, et il s'est élevé contre le calcul des probabilités d'Ampère, et cependant c'est le calcul le plus appliqué dans la vie pratique; il ne se fait pas une spéculation, pas un projet réfléchi sans qu'il intervienne; toutes les assurances sont basées sur les probabilités.

(1) Voir *Cosmos*, de Humbold.

lieux, chez les Indiens de l'Amérique centrale et chez les Indiens des hautes vallées de l'Hymalaya, et que des voyageurs plus modernes ont confirmées et complétées (1).

PREMIER MYTHE (*Hindou et Américain.*) — Une inondation générale s'était étendue sur les continents, et les hommes étaient réfugiés sur les hauts plateaux. Et, en ce temps, la Lune, épouse du Soleil, n'était pas encore dans le ciel, mais elle était sur la terre. Elle s'appelait Schia, et c'est elle qui causait l'inondation générale. Alors Botchika, le Dieu-Soleil, ayant pitié des hommes, chassa de la terre la Lune, son épouse, et la plaça dans le ciel.

DEUXIÈME MYTHE (*Mythe Inca*). — Le royaume de Quetzalcoal s'appelait Tulla. Et tout le temps du règne de Quetzalcoal fut l'âge d'or de l'humanité ; la terre produisait en abondance et sans culture des fruits délicieux ; Quetzalcoal avait horreur de la guerre, et l'on ne faisait pas de sacrifices humains sous son règne.

Mais un puissant ennemi força Quetzalcoal de quitter le royaume de Tulla. Alors il se réfugia sur le continent américain et habita successivement plusieurs plateaux dont le Mythe donne les noms. Puis le royaume de Tulla fut enlevé de la terre et placé dans le ciel par le Soleil, et lorsque Quetzalcoal devint vieux, il fut transporté au ciel dans son ancien royaume.

TROISIÈME MYTHE. — Les hommes étaient réfugiés sur les plateaux à cause de l'inondation produite par la présence d'une roche. Alors le Tout-Puissant leva la roche et les eaux s'écoulèrent. Ce Mythe est évidemment la tradition écourtée du phénomène général auquel s'appliquent les autres Mythes.

LÉGENDE HINDOUE. — Dans une grande légende hindoue, il est dit : la terre se transporta au palais des Dieux et les pria de la débarrasser de son fardeau. Alors les Dieux accomplirent un grand cataclysme qui débarrassa la Terre de son fardeau.

---

(1) Voir les récentes publications de MM. Lenormand, Girard de Rial et Lévèque sur les *Origines de l'histoire* et *sur les Mythes Indiens*.

On ne peut méconnaître que ces divers récits traditionnels des peuples demi-civilisés de l'Asie et de l'Amérique enseignent les mêmes phénomènes physiques, à savoir : 1° une inondation générale des parties basses des continents, qui représente exactement l'inondation falunienne des géologues, et le développement des races humaines répandues sur les plateaux de l'époque; 2° l'existence sur notre globe du Rocher, du fardeau de la Terre, du royaume de Tulla, de Schia, qui est la masse lunaire ; 3° le transport de cette masse insulaire dans le ciel où elle devient la Lune, épouse du Soleil, et, par suite, le retrait de la mer, la cessation de l'inondation falunienne; c'est-à-dire que le départ de la masse insulaire a produit dans l'Océan Indien ou grand Océan, un volume de déplacement assez considérable pour absorber le trop plein de la mer falunienne.

Le mythe de Quetzalcoal implique un renseignement spécial. Quetzalcoal, chassé de son royaume par un puissant ennemi, c'est-à-dire par l'inondation falunienne, a émigré en Amérique où il a occupé plusieurs plateaux. Les progrès de l'inondation auraient donc déterminé des habitants de Tulla à passer en Amérique et à s'y établir en colonies distinctes.

Ces croyances cosmogoniques actuelles des Indiens de l'Amérique et de l'Hindoustan sont figurées, dans chaque pays, par des monuments religieux différents qui indiquent bien les impressions dominantes que le cataclysme diluvien a naturellement produites sur les continents opposés.

Dans l'Inde, l'inondation de la mer falunienne n'a pas arrêté le développement des populations répandues sur les fertiles plateaux échelonnés le long des vastes flancs de l'Hymalaya ; mais le départ de la masse lunaire, implantée dans l'Océan, a donné à l'homme la jouissance des plaines et des vallées si plantureuses de l'Hindoustan. Aussi la Lune, dans la religion des Hindous, est-elle une déesse bienfaisante, la déesse de la fertilité terrestre.

En Amérique, au contraire, Schia, la Lune, est une déesse méchante qui a voulu anéantir le genre humain. C'est que l'Amérique, à l'époque falunienne, ne possédait pas encore les plateaux de la grande chaîne des Andes ; ce système de montagnes, de même que le grand système de la chaîne principale des Alpes, n'a surgi qu'au moment même de l'accomplissement du cataclysme lunaire. Le pays était donc relativement plat et l'inondation falunienne y est devenue une grande calamité pour les habitants. Or, le Mythe nous apprend que les Indiens attribuaient l'inondation à la présence sur la terre de Schia, la Lune, c'est-à-dire à la présence du continent lunaire dans les eaux de l'Océan, et dès lors, la calamité générale a été une œuvre de Schia, la divinité méchante qui a voulu anéantir le genre humain. Cela dit, passons aux monuments allégoriques.

Monument trouvé dans un temple hindou (d).

Une table de bronze, représentant une nappe d'eau, retient un œuf submergé; la table est surmontée d'un taureau debout et le pied levé au-dessus de l'œuf. Or, le taureau est l'emblème de la force vitale du monde, dans la religion astronomique des Hindous, et, comme tel, il est aussi appelé le *Taurus exaltatio Lunæ*. L'explication du monument, mis en regard des traditions géogéniques mentionnées, devient, dès lors, facile : la nappe d'eau représente l'inondation falunienne ; l'œuf, emblème de la fécondité à venir, représente le continent lunaire, Schia, Tulla, le fardeau de la terre, dont l'exaltation rendra à l'homme la jouissance des contrées fertiles tenues sous les eaux; le taureau, *Taurus exaltatio Lunæ*, symbolise la toute-puissance qui accomplit le phénomène géogénique. La conception artistique est donc bien adaptée au phénomène de la tradition et à l'impression dominante qu'il a produite dans l'esprit des Hindous de l'Hymalaya, témoins des faits accomplis.

Monument américain.

Les deux grandes races d'Amérique, les Incas et les Aztèques, avaient le culte de trois grandes divinités : le Soleil tout-puissant; la Lune, épouse du Soleil; et les grandes

(d) Voir Dupuy : *Origine de la Fable.*

Nuées noires, divinités atmosphériques. Celles-ci étaient symbolisées dans un grand serpent ou dragon noir, aux replis tortueux, image des nuées qui parcourent le Ciel en rampant et que l'on voit envelopper la Lune dans leurs replis. C'est lui qui exécutera l'enlèvement ordonné par le Soleil, selon le texte des Mythes. Le monument est placé dans un temple consacré à la représentation de la catastrophe diluvienne. C'est une caverne peuplée d'idoles teintes de sang humain. Au milieu de la caverne est une grosse pierre de couleur verte ; un serpent noir a le corps enroulé autour de la pierre et la tête allongée vers un petit oiseau placé au haut du monument. Ici encore, l'adaptation du monument aux traditions orales des habitants ne laisse aucun doute.

La pierre brute est la masse lunaire, Tulla, Schia ; la couleur verte indique qu'elle est plongée dans l'eau de l'inondation falunienne ; le serpent, dont le corps s'enroule autour de la pierre, est la divinité atmosphérique des grandes nuées qui arrachera la roche, et l'oiseau, vers lequel le serpent tend la tête, indique le chemin aérien qui sera suivi pour transformer la roche terrestre en Lune, épouse du Soleil. Les idoles teintes de sang humain, qui peuplent la caverne, sont l'image de l'œuvre de destruction de la presque totalité du genre humain que le cataclysme a accompli en Amérique.

REMARQUE. — Dans l'Hindoustan, le phénomène cataclysmique reçoit le culte d'une œuvre de délivrance ; mais les Indiens d'Amérique ne retiennent que les horreurs de l'œuvre de destruction générale. De là, chez ces derniers, le culte religieux le plus cruel. Afin de conjurer le retour des calamités cataclysmiques dont leurs dieux avaient voulu se donner le spectacle, on multipliait les sacrifices humains. C'étaient, dans certaines solennités, des hécatombes humaines, précédées des raffinements de la cruauté : on rôtissait à demi les victimes avant de les immoler ; la tuerie ne suffisait pas, il fallait encore offrir aux dieux les hurlements et les contorsions des suppliciés. Dans un temple consacré à Quetzalcoal, on immolait chaque année une victime sans tache à laquelle on avait rendu des honneurs publics pendant plusieurs jours. A minuit, le prêtre lui donnait le coup de la

mort, arrachait le cœur et l'élevait vers la Lune, ancien royaume terrestre de Quetzalcoal.

Mais cela ne suffisait pas encore, il fallait aussi varier le plaisir des dieux en leur offrant le spectacle des plus grandes douleurs morales, et alors les prêtres de Quito sacrifiaient chaque année cent enfants.

Tel a été l'effet spirituel de la révélation cataclysmique sur ce peuple indien qui, du temps de Quetzalcoal, avait horreur de la guerre et ne faisait pas de sacrifices humains. Les sacrifices ordonnés par Moïse n'ont-ils pas même origine et même intention ?

Ainsi, les peuples à demi civilisés de l'Hindoustan et de l'Amérique, séparés entre eux par le grand Océan, possèdent des traditions orales, des monuments allégoriques, des cultes religieux qui s'accordent à préciser ces faits : Inondation falunienne contemporaine de l'existence d'un ancien continent; projection cataclysmique de ce continent dans le ciel où il devient la Lune ; le grand drame divinisé.

Passons maintenant aux documents cosmogoniques qui nous viennent du peuple Assyro-Chaldéen, le plus savant de la haute antiquité.

Le mystère diluvien était célébré, deux fois l'an, dans un temple dédié à Deucalion, personnification du phénomène diluvien. Le sol choisi pour l'érection du temple présentait une crevasse naturelle qui absorbait indéfiniment les eaux que l'on y versait, et la cérémonie consistait, alors, à vider dans la crevasse les vases remplis d'eau de mer que des pèlerins, accourus de différents lieux, portaient au temple. La cérémonie était donc la consécration des phénomènes cosmogoniques suivants : Inondation diluvienne de Deucalion ; écoulement des eaux qui submergeaient les continents dans une cavité assez vaste pour absorber le trop plein des mers du globe. Cette cavité est le volume de déplacement qu'occupait dans l'Océan le continent appelé Schia, Tulla, le fardeau de la terre, et aussi la mystérieuse Atlantide, comme nous le verrons en son lieu.

D'autre part, les textes sacrés parlent du dieu Lune assis dans la barque céleste, du dieu Lune assis dans la barque de l'image qui s'élève. A ces textes, déjà significatifs, s'adapte une gravure, bien explicite, tracée sur un monument que possède le Musée assyrien de Londres; la voici : Un vaisseau ornementé flotte dans une nappe d'eau ; deux corps d'hommes, à moitié émergés, en forment la poupe et la proue. Sur le vaisseau se tiennent debout deux taureaux à face humaine et munis d'ailes déployées ; les taureaux sont surmontés d'un trône ; sur le trône est assis un dieu barbu coiffé de la tiare, et qui tient en mains un sceptre court et un long anneau; près du trône se voient deux personnages inférieurs dont l'un a l'attitude d'un suppliant. De chaque côté de la tête du dieu, l'artiste a gravé deux croissants lunaires implantés dans des disques, et ce symbole d'union est répété quatre fois afin de bien appuyer sur l'idée de la composition allégorique. La légende inscrite sur le monument dit : « Je suis le serviteur du disque »; en d'autres termes : Je suis le satellite de la planète dont le disque est le symbole; je suis le croissant, la lune, satellite de la terre.

L'explication des différents motifs de la gravure se présente, sans effort, à l'esprit. La composition exprime deux situations distinctes : 1° les quatre dessins du croissant uni au disque, symbolisent l'époque où le continent lunaire était implanté dans le globe terrestre; 2° le reste de la composition symbolise l'état au moment de l'action cataclysmique; le vaisseau flottant est le continent lunaire entouré d'eau; les bustes formant la poupe et la proue, et placés ainsi à l'extérieur, indiquent que le continent a été peuplé dans toute son étendue avant l'inondation falunienne, et les deux personnages d'apparence inférieure, placés sur le navire, indiquent que le continent n'était pas entièrement dépeuplé au moment de l'exaltation. Les taureaux sont la puissance exécutrice du dieu qui agit, et les ailes dont ils sont munis indiquent l'exaltation du vaisseau lunaire dans les régions aériennes; le dieu barbu est le dieu lunaire des textes sacrés ; le grand anneau et le sceptre que le dieu tient en main figurent l'orbite lunaire, la zone céleste qu'il parcourra en souverain. Toutes ces clartés se présentent donc d'elles-mêmes à l'esprit.

Le Mythe de Quetzalcoal, avons-nous vu, fait connaître que les habitants de Tulla, le continent lunaire, chassés par les progrès de l'inondation falunienne, avaient émigré en Amérique et s'y étaient établi sur plusieurs plateaux ; la gravure assyrienne, de son côté, nous apprend qu'au moment de l'ascension cataclysmique, le continent n'était pas entièrement dépeuplé (1).

En regard de ces traditions du cataclysme lunaire symbolisé avec tant de précision dans les croyances, textes et monuments des peuples indiens encore incultes et du peuple le plus savant de la haute antiquité, plaçons le Mythe grec qui représente le maître des cieux traversant les mers sous la forme d'un taureau et enlevant Europe pour en faire son épouse. L'analogie n'est-elle pas frappante ? Les mythologues s'accordent, d'ailleurs, à assigner un caractère cosmogonique à la fiction, en s'appuyant sur le culte et les attributs consacrés à Europe dans le temple que les Crétois avaient érigé en l'honneur de son union avec Jupiter. L'image d'Europe y était entourée des attributs de la vie et de la fertilité, et la monnaie frappée à l'effigie du Mythe, représentait, d'un côté, la déesse assise entre des branches d'arbre, attribut le plus expressif de l'activité végétative ; de l'autre, un taureau, emblème de la toute-puissance. Et ce même taureau, adopté par les Grecs comme exprimant la puissance exécutrice du plus grand phénomène dont l'homme ait été témoin, est ensuite placé dans le ciel et devient un signe du zodiaque. C'est donc, avec d'autres noms et sous la forme vive, propre au génie grec, l'exaltation de la Lune, qui devient l'épouse du grand dieu Soleil, et dont le départ rend à la vie atmosphérique les régions les plus fertiles du globe, les bassins hydrographiques que la mer falunienne tenait sous ses eaux.

Ce Mythe, éminemment cosmogonique, a été dénaturé

_____

(1) Le taureau ailé, à figure humaine ornée d'une belle barbe, est le principal monument de l'art assyrien. Les commentateurs y voient la personnification de la nationalité assyrienne ; mais tout ce qui précède tend à établir qu'il est le résumé de la gravure cosmogonique et la reproduction du *Taurus exaltatio lunæ* des Indiens.

plus tard, comme beaucoup d'autres, par d'ignorants amplificateurs qui s'étaient donné la tâche de le nationaliser en le
localisant.

Nous verrons, d'ailleurs, que les allégories cosmogoniques
de la mythologie grecque, débarrassées de l'injure des enjo-
liveurs, retracent fidèlement et jusque dans leurs détails,
l'état et les phénomènes qui ont précédé, accompagné et suivi
la grande catastrophe. Ce sont des images aux couleurs bril-
lantes, pleines de vie, terribles comme les faits réels, enfan-
tées par ce génie de la race grecque si bien personnifié en
Homère. Quant à la mythologie passionnelle, aux dryades,
hamadryades, nymphes des eaux limpides, etc., l'aimable
nature du printemps a fait éclore ces idées comme elle fait
éclore ses fleurs. Mais avant d'aller plus loin dans le domaine
des traditions historiques, établissons quelques faits exclusivement physiques.

Le continent disparu, appelé Schia, Tulla, etc., n'est autre,
d'après les traditions les plus explicites, qu'une arête primitive du globe terrestre qui a été projetée et transformée en
satellite de la terre, dans une convulsion générale. Voyons
si la lune satisfait à toutes les conditions du phénomène
indiqué, ces conditions étant d'abord les trois suivantes :
1° la masse lunaire transformée en masse continentale,
doit pouvoir se loger facilement dans l'Océan pacifique, sa
place naturelle; 2° son emplacement ne doit présenter
aujourd'hui aucune île de formation primitive ou antédiluvienne; 3° son volume de déplacement dans la mer doit être
tel que, le cataclysme de disjonction une fois effectué, le trop
plein de la mer falunienne qui submergeait nos bassins hydrographiques soit absorbé par le vide correspondant au déplacement du continent.

Transformation de la masse lunaire en continent terrestre.

La masse de la lune est le quatre-vingt-quatrième de celle
de la terre. Son volume terrestre est obtenu en assignant à
cette masse la densité de nos continents. On obtient ensuite
sa surface continentale en donnant à ce volume la forme d'un

parallélipipède quelconque, mais d'une épaisseur égale à celle de nos continents; cette épaisseur, calculée par le savant Cordier en se basant sur la chaleur de fusion des roches primitives, atteint une trentaine de lieues. La surface continentale ainsi fixée, on obtient le volume de déplacement dans la mer en multipliant cette surface par la profondeur moyenne du grand Océan. Quant à la forme générale du continent lunaire, elle est indiquée par celle des autres continents : allongés dans le sens nord et sud, ils ont tous leur centre de figure placé dans l'hémisphère boréal, en vertu, sans doute, d'une cause originelle qui a dû agir de même sur l'agglomération primitive des roches du continent disparu.

Le continent lunaire ainsi restauré se place aisément à mi-distance entre l'Amérique et l'Asie. A cheval sur l'Équateur, il s'allonge nord et sud en ayant sa plus grande surface dans l'hémisphère boréal. La première condition est donc remplie.

En second lieu, le grand Océan, et surtout l'emplacement assigné au continent lunaire, est parsemé d'îles; mais aucune d'elles n'est de formation primitive; elles sont toutes de formation récente, madréporiques ou volcaniques, tandis que les groupes d'îles qui se rattachent à l'Australie et rattachent l'Australie au continent indien, possèdent les assises géologiques continentales qui témoignent de leur existence antédiluvienne (1). La deuxième condition est donc remplie et le contraste entre les deux espèces d'îles indiquées en fait encore ressortir la valeur.

Il en est de même de la troisième condition : Le continent lunaire étant restauré, si l'on répand sur les mers actuelles son volume d'eau de déplacement, tous les bassins hydrographiques du globe sont submergés, et les derniers rivages de la mer falunienne deviennent les nouveaux rivages des mers actuelles; par conséquent, le cataclysme de disjonction a débarrassé les continents de l'inondation falunienne.

Signalons maintenant la corrélation entre les effets physiques et les documents de l'histoire.

(1) L'origine de cette remarquable traînée d'îles primitives est indiquée dans : *Formation de notre système planétaire et structure du globe terrestre*, par M. Rathsamhausen.

Le cataclysme de disjonction a été l'effet d'une force plu-tonienne développée sous l'enveloppe solide du globe, et aucun esprit sérieux ne se permettra d'assigner une limite à cette force. La réaction de l'effet direct a nécessairement imprimé au giroscope terrestre un mouvement de bascule. L'axe de rotation était perpendiculaire au plan de l'éclipti-que; l'accomplissement du phénomène l'a incliné de 23°. L'inclinaison du côté opposé au soleil, d'où résulte la situa-tion hivernale de l'hémisphère nord, est prouvée par le chan-gement subit de température qui a congelé et conservé indé-finiment les cadavres antédiluviens dans notre zone polaire. Le phénomène diluvien s'est donc accompli dans un de nos mois d'hiver.

Or, les documents historiques de l'antiquité qui assignent une date au cataclysme diluvien, le placent soit au milieu de novembre, soit entre janvier et février. Nous avons de plus un document qui permet de contrôler ces dates; c'est un passage tiré de l'histoire des Perses; il dit : « Le peuple Zend vivait sur un plateau, situé au nord, où régnait alors un été éternel. Mais le génie du mal ayant accompli son œuvre, l'été éternel disparut, et il y eut un premier hiver qui dura cinq mois, puis un second qui dura dix mois; alors le peuple Zend abandonna les montagnes et descendit dans les contrées chaudes de la Bactriane et de la Perse. Il trouva la terre inhabitée depuis l'Indus jusqu'au Tigre. » L'hiver de dix mois ne laisse qu'un intervalle de deux mois d'été et ces deux mois doivent évi-demment être placés à l'époque la plus chaude de l'année; il faut dès lors les compter de la mi-juin à la mi-août. Le premier hiver a duré cinq mois, il faut donc rétrograder de cinq mois, à partir de la mi-juin, pour trouver le commen-cement de ce premier hiver, et nous arrivons ainsi à la mi-janvier, comme date de la catastrophe cataclysmique qui a produit le passage subit de l'été à l'hiver.

L'inclinaison de l'axe terrestre a fait disparaître la tempé-rature chaude et constante qui régnait dans les régions habi-tées par l'homme à l'époque falunienne, et inauguré les oppo-sitions de température des quatre saisons. Toutes les tradi-tions des divers peuples historiques s'accordent à cet égard; et la fastidieuse mythologie classique dit elle-même que la constante température printannière de l'âge d'or a ensuite cédé la place aux quatre saisons, printemps, été, automne, hiver. Bien plus, selon certains auteurs, les philosophes égyptiens et aussi plusieurs philosophes grecs enseignaient que l'écliptique était d'abord parallèle à l'équateur, que les astres de la sphère étoilée ne suivaient pas leur route actuelle ; et ils attribuaient à la rencontre d'une comète ces changements, dont l'un est la conséquence de l'autre. Ces notions astronomiques transmises d'une génération à une autre prouveraient, en outre, qu'à l'époque antécataclysmique ou falunienne, l'esprit d'observation et les aptitudes scientifiques étaient déjà développées.

La corrélation annoncée est donc complète.

Revenons maintenant aux enseignements de la Mythologie cosmogonique des Grecs.

Diane.

De tous les dieux de l'Olympe la Lune seule a une triple personnalité : elle est Diane sur la terre, Hécate aux enfers, Phœbé ou Lune dans le ciel. D'où vient cette triple divinité, dont chacune fait contraste avec les deux autres ? C'est que le mythiste de l'antiquité qui a fait adopter par ses coreligionnaires l'attribut de la triple divinité de la Lune exprimait ainsi, en termes brefs, des situations physiques dont la réalité était incontestée.

Examinons : Les anciens plaçaient les lieux infernaux au-dessous de la croûte solide du globe ; or, le continent lunaire est sorti des entrailles de la terre, dont il était une section ; par sa base, il appartient donc aux enfers et s'appelle Hécate ; par sa superficie, il est un continent plantureux et s'appelle Diane la chasseresse ; son exaltation le transforme en déesse du ciel, et il s'appelle Phœbé ou Lune. L'énigme de la triple divinité de notre satellite reçoit, ainsi, son explication rationnelle.

Mythe d'Adonis.

Diane, à la prière de Mars jaloux, fait tuer par un sanglier Adonis, le dieu du Jour, et Jupiter, l'ordonnateur du monde, décide qu'Adonis restera six mois dans les bras de Proserpine, déesse des ténèbres, et six mois dans les bras de Vénus, déesse de la fécondité terrestre.

Ce Mythe est éminemment cosmogonique, et chacun de ses facteurs renferme un sens profond.

Adonis est le dieu de la clarté du jour dans la patrie paradisiaque des Grecs, au temps de l'âge d'or. Adonis meurt d'un coup de boutoir du sanglier : c'est l'image de la brutalité de l'œuvre du cataclysme lunaire. Adonis reste, désormais, six mois dans les bras de Proserpine, et six mois dans les bras de Vénus : c'est l'état astronomique actuel de cette zone polaire qui jouissait, avant la mort d'Adonis, d'un printemps éternel avec douze heures de soleil au-dessus de l'horizon et de longs crépuscules. La Lune a exécuté ce grand changement astronomique : c'est, en effet, le cataclysme lunaire qui a déterminé l'inclinaison de l'axe terrestre, cause des six mois de jour et des six mois de nuit de la zone polaire. Diane accomplit l'événement afin de complaire à Mars, le dieu des destructions humaines, et Mars jouira, ainsi, du spectacle des horribles destructions cataclysmiques. Mars était jaloux, dit le Mythe ; c'est que, au temps de l'âge d'or qui a précédé la catastrophe universelle, les habitants de l'Eden grec, comme les Indiens du temps de Quetzalcoal, avaient horreur de la guerre et ne faisaient pas de sacrifices humains ; Mars ne recevait pas de culte, et il en était jaloux.

Le Mythe d'Adonis est donc une allégorie cataclysmique exacte dans toutes ses parties. Il exprime, en une seule phrase, les divers états qui ont précédé, accompagné et suivi la grande catastrophe qui a bouleversé le globe et changé les conditions d'existence de tout le règne organique.

MYTHE DE PHAÉTHON

Avant d'analyser le beau Mythe de Phaéthon, renseignons-nous encore sur le lieu géographique de la zone paradisiaque des anciens.

La paléontologie nous apprend qu'à l'époque falunienne, notre région polaire était favorisée d'une température méditerranéenne, et le Mythe d'Adonis, dieu exclusivement grec, tend à prouver que la patrie mythologique des Grecs du temps de l'âge d'or, du temps de Saturne et de Rhéa, était placée dans la même région qui deviendrait alors l'Eden des anciens, le lieu du jardin des Hespérides, la zone paradisiaque de l'humanité préhistorique ou antédiluvienne. Que disent, à cet égard, les documents historiques de la haute antiquité ?

Les anciennes chroniques persanes disent que le berceau de la civilisation, le pays de l'âge d'or, le théâtre des institutions antiques, est aujourd'hui le siége d'un hiver éternel.

Les auteurs grecs les plus sérieux placent le jardin des Hespérides dans le Nord, au pays des longues nuits. Ils parlent des régions jadis fortunées des hyperboréens, où régna Saturne et où naquit le culte du Soleil. La description que fait Plutarque de la primitive patrie des ancêtres se rapporte à la zone polaire.

Les Orientaux placent le pays des félicités paradisiaques dans une région du Nord actuellement couverte de ténèbres. Les auteurs scandinaves, s'appuyant sur les monuments de toute nature que nous a légués l'antiquité, ne mettent pas en doute que la zone paradisiaque doit être placée dans les régions septentrionales. L'accord est donc établi entre les divers éléments de la question, et le Mythe de Phaéthon en est une confirmation bien explicite.

Première partie du Mythe de Phaéthon.

Phaéthon est fils du Soleil. Son père lui ayant promis de satisfaire un de ses désirs, Phaéthon demande à conduire le char du dieu. Le Soleil s'efforce de l'en dissuader ; mais

Phaéthon, sourd aux conseils de la sagesse, persiste. Il prend en main les rênes des fougueux coursiers, et les coursiers, ne se sentant plus maîtrisés par la main ferme du dieu, bondissent hors de la voie. Alors Jupiter irrité lance sa foudre sur Phaéthon qui est précipité sur la terre et tombe dans le fleuve Eridan.

Analysons ce récit : Phaéthon est le propre fils du Soleil ; il personnifie l'humanité. Sa présomption le rend sourd aux conseils de la sagesse : c'est l'humanité orgueilleuse et rebelle qui sera châtiée par Dieu. Le char du Soleil bondit hors de sa voie : c'est le brusque changement de la route apparente du Soleil par suite de l'inclinaison de l'axe terrestre ; et les anciens ne pouvaient représenter autrement l'effet astronomique du cataclysme lunaire, car, selon eux, la sphère céleste était en mouvement autour de la terre immobile. Phaéthon est foudroyé : c'est Dieu qui inflige à l'humanité orgueilleuse et rebelle l'horrible punition cataclysmique. La déviation de la route du Soleil est telle que Phaéthon tombe dans l'Éridan, qui est le Pô, le plus grand fleuve d'Italie : c'est-à-dire que le Soleil, dévié de sa route, a transporté dans la zone méditerranéenne la température dont jouissait la zone paradisiaque avant le cataclysme. Or, la paléontologie nous a déjà appris qu'à l'époque falunienne les régions polaires jouissaient de la température méditerranéenne. Le Pô se jette dans le golfe de Venise à la latitude de 45°. Si le Mythe est exact dans toutes ses parties, le lieu de la chute de Phaéthon doit renfermer un renseignement géographique tel qu'en ajoutant à ces 45° les 23° environ d'inclinaison de l'axe terrestre, on sera placé dans la zone paradisiaque, et nous arrivons ainsi à lui assigner le 68me parallèle, c'est-à-dire le lieu des six mois de jour et des six mois de nuit qui est actuellement la demeure d'Adonis, le dieu du jour qui éclairait l'ancienne patrie mythologique, au temps de l'âge d'or. Phaéthon, personnification de l'humanité, ne tombe pas sur la terre, mais dans le plus grand fleuve d'Italie, et le Mythe indique, ainsi, la destruction de l'humanité par le déluge universel.

Chaque facteur de cette nouvelle conception cosmogonique renferme donc un enseignement spécial. Les trois Mythes grecs que nous venons d'analyser, se complètent et se contrôlent entre eux. Ils ne sont pas les œuvres d'un seul philosophe, mais certainement le même génie, essentiellement grec, les a inspirés. Quant à leur caractère scientifique, rappelons-nous que ce sont là des œuvres magistrales de cette race qui a donné au monde les Aristote, les Phidias, les Homère, les Hippocrate.

Deuxième partie du Mythe de Phaéthon.

Les trois sœurs de Phaéton pleurèrent sa mort, et leurs larmes se changèrent en ambre, et Jupiter métamorphosa les trois sœurs en peupliers.

L'ambre se trouve dans des alluvions diluviennes d'eau douce qui recouvrent des dépôts cailloateux également diluviens, mais de formation marine; ces alluvions sont placées dans le nord de l'Europe, en Suède et sur les bords de la Baltique. Les auteurs du Mythe savaient donc que la précieuse résine est déposée dans des couches alluviales postérieures à l'accomplissement de la catastrophe, puisque les morceaux d'ambre sont des larmes intercallées dans ces couches. Les sœurs de Phaéthon sont métamorphosées en peupliers : ces peupliers sont l'image de la végétation arborescente qui se développe sur les couches si fertiles des alluvions diluviennes.

L'ambre était donc déjà en usage à l'époque où cette seconde partie du Mythe de Phaéthon a été composée, et les mythistes connaissaient la nature du produit et l'âge des dépôts qui le renferment. Ces notions, si spéciales, n'auraient pu être fournies par les savants du commencement du siècle dernier. Elles prouvent que le Mythe scientifique de Phaéthon a été complété, plus tard, au sein d'une corporation savante qui faisait mystère de sa science et qui avait conservé religieusement les traditions mythiques.

Atlantide et Atlas.

Les modernes, interprétant une phrase du récit de Platon sur les Atlantes, ont supposé que la mystérieuse Atlantide était une île du groupe des Canaries, aujourd'hui disparue, et de là vient le nom de Atlantique, donné à la mer d'Europe. Nous allons voir que la supposition est contredite par des documents précis et de nature fort différente.

Voici le résumé des notions qui nous sont données par Hérodote, Platon, Diodore de Sicile, Strabon, Pline, Euripide.

Au temps d'Hérodote, la mer de l'Atlantide était la mer d'Asie ; les éléphants étaient répandus sur l'île, et l'éléphant était pour les Grecs l'animal caractéristique de l'Asie.

L'Atlantide n'avait pas les proportions d'une île ; elle était plus grande que l'Asie et la Lybie. C'était un grand continent que la mer d'Asie entourait, et non une île placée dans la mer d'Europe. L'Atlantide renfermait plusieurs royaumes. Le plus grand, celui d'Atlas, occupait la région centrale et avait la forme d'un *quadrilatère allongé*.

Grand nombre de générations d'hommes y ont vécu dans l'abondance de tous les biens de la terre. Mais leur grande richesse a fini par les corrompre, et alors ils ont offensé les dieux, et Jupiter a détruit l'Atlantide dans un grand cataclysme. L'Atlantide a disparu dans une grande révolution qui a tout détruit et changé la face du globe. — Ces récits rendent la mystérieuse Atlantide identique au continent lunaire des Mythes indiens : c'est Schia, Tulla, le fardeau dont la terre a demandé aux dieux d'être débarrassée. Cette conclusion est-elle d'accord avec les autres facteurs du Mythe d'Atlas, personnification de l'Atlantide au point de vue cosmogonique ? Atlas est le premier fils de Neptune, dieu des mers, c'est-à-dire la plus importante des îles du globe. Les sept filles d'Atlas sont transportées aux cieux et deviennent les pléïades. Hespérus, son fils, quitte aussi la terre et devient l'étoile du soir, la brillante planète Vénus. Atlas devient un hercule qui porte sur ses épaules, non pas le globe terrestre, mais la voûte des cieux. Contemplez, maintenant, le ciel, une nuit de pleine lune ; vous voyez la lune, la face tournée vers la terre, supportant la voûte étoilée sur ses épaules ; près d'elle se trouve la brillante planète Vénus ; plus loin s'aperçoit la constellation si remarquable des pléïades : c'est Atlas, entouré de sa famille stellaire.

Les Atlantes. — La mystérieuse Atlantide n'étant autre que le continent lunaire, les Atlantes deviennent des émigrés qui se sont répandus sur l'ancien continent, à la même époque où d'autres émigrés sont allés s'établir en Amérique, comme l'enseigne, en termes précis, le Mythe de Quetzalcoal ; et c'est l'envahissement du continent par la mer falunienne qui a nécessité toutes ces émigrations.

Les historiens de l'antiquité placent les Atlantes au-dessus de tous les peuples de leur temps. Les Sages d'Egypte disent qu'ils étaient savants, policés, instruits en astronomie ; qu'ils ont envahi l'Asie et l'Europe, et se sont aussi établis en Égypte, les uns venus de l'Asie, les autres par le détroit de Gibraltar. L'Égypte était couverte de monuments en leur honneur. Les peuples se faisaient gloire d'en être des descendants. Les Grecs leur attribuaient un caractère divin ; ils disaient que les dieux avaient pris naissance chez les Atlantes. L'histoire des Perses est aussi liée à la tradition d'un peuple envahisseur venu d'un ancien continent placé au delà de l'Océan.

Tous ces récits se rapportent à l'époque préhistorique. Les Atlantes n'ont plus laissé trace de leur existence, comme peuple, après la période diluvienne.

Montagnes d'Atlas, appelées aussi montagnes de la Lune.

Les montagnes d'Afrique auxquelles les anciens ont donné le nom d'Atlas, ont aussi été appelées par eux montagnes de la Lune. De cette synonimie, d'apparence si choquante, nous sommes maintenant en droit de conclure que la chaîne des monts Atlas ou de la Lune a reçu son relief actuel dans la même convulsion qui a produit le soulèvement du système des Andes, en Amérique, et celui de la chaîne principale des Alpes, en Europe, c'est-à-dire dans la suprême convulsion du cataclysme lunaire. Mais la simultanéité du phénomène ne peut avoir été reconnue que par des hommes qui habitaient le pays africain et se trouvaient en relation avec le continent disparu qu'ils appelaient Atlantide, s'ils n'étaient eux-mêmes des Atlantes chassés de leur pays par le progrès de l'inondation falunienne et dont l'immigration en Afrique est signalée par les Sages d'Egypte. Cette dernière supposition acquiert encore le caractère de la vérité, si l'on considère qu'en donnant, à la fois, les noms d'Atlas et de Lune aux nouvelles montagnes, ils ont perpétué le souvenir de l'exaltation du royaume d'Atlas, leur ancienne patrie, et sa transformation en Lune. La synonimie, d'apparence si choquante, renferme donc un enseignement historique, géogénique et astronomique ; elle renferme aussi la théorie du soulèvement des montagnes par voie violente, qui a été imaginée et prouvée par notre éminent géologue Élie de Beaumont.

La Lune, d'après son origine cataclysmique, devient un amas de roches brisées. Tel est aussi l'aspect qu'elle présente. Elle est hérissée de pics d'une altitude disproportionnée à son volume ; elle présente d'énormes cavités et des échancrures qui la pénètrent profondément. Dans des éclipses de lune, Herschel a vu des étoiles s'avancer d'une quantité notable sur le disque même, sans disparaître. Ainsi se confirme, sous tous les rapports, l'origine cataclysmique de notre satellite (1).

Autres documents sur le degré de développement du genre humain à l'époque antécataclysmique.

Les historiens modernes disent : Les Pélages habitaient l'Arcadie avant l'arrivée des Hellènes dans leur pays. Ils se vantaient de s'y être établis à une époque où la Lune n'escortait pas encore la Terre ; de là, le nom de Prosélènes qu'ils se donnaient. Ils adoraient la Lune, et la légende astronomique des Arcadiens était très répandue dans l'antiquité.

Apollonius dit : « Avant que l'Egypte fût habitée, les astres ne décrivaient pas leurs orbites actuelles ; nul n'avait entendu parler des Hellènes ; une seule race d'hommes existait, les Arcadiens, qui vivaient avant la Lune et se nourris-

---

(1) Voir, pour plus de détails : *Formation du système solaire et structure du globe terrestre*, par M. Rathsamhausen, et aussi : *Description et cause des formations et des révolutions qui se sont succédé sur le globe terrestre*, par le même auteur.

saient de glands sur les montagnes. (Faisons observer que l'Arcadie est le pays le plus montagneux de la Grèce, et qu'une population a pu s'y développer sans être atteinte par la haute mer falunienne.)

Grand nombre d'auteurs anciens disent que certains peuples étaient plus anciens que la Lune.

Diodore de Sicile enseigne que la Lune apparut peu de temps avant les combats d'Hercule; et nous verrons que les combats d'Hercule sont une représentation mythique des calamités diluviennes dont Jupiter, aidé par Hercule, délivra la terre.

Aristote, le père de la philosophie positive, dit que les barbares qui habitaient originairement l'Arcadie, ont été chassés et remplacés par d'autres habitants (les Pélages) avant l'apparition de la Lune.

Les Hellènes se disaient plus anciens que le Soleil. Cette prétention à l'ancienneté de leur race est justifiée par l'étymologie rationnelle du mot Hellène. En effet, Deucalion est la personnification du cataclysme diluvien, lequel a donné naissance à la Lune; or, Deucalion est aussi père d'Hellène, premier des Grecs, et la Lune s'appelle *Sélène* en grec.

De cette concordance des mots et des faits, il est rationnel d'inférer que l'étymologie d'Hellène vient de Sélène, Lune. D'autre part, les Grecs avaient le Mythe de Phaéthon, et s'ils se proclamaient antérieurs au Soleil, ils entendaient certainement être antérieurs au phénomène astronomique, selon eux, qui a changé la route du soleil, rendu inhabitable la primitive patrie paradisiaque, et, par suite, déterminé leur immigration en Grèce où ils ont trouvé des populations antélunaires. Les commentateurs modernes ont exercé leur critique sur la signification du mot prosélène appliqué aux Arcadiens; les uns lui faisant signifier : antérieur à la Lune, les autres : antérieur aux Hellènes. On voit que le sens chronologique reste le même dans les deux cas.

Ainsi, les traditions des divers peuples de l'antiquité affirment l'existence antédiluvienne d'une humanité déjà civi-

lisée, instruite et avancée dans les arts ; et un savant astronome du dernier siècle, l'illustre et infortuné Bailly (1), est
arrivé aux mêmes conclusions par des déductions purement
scientifiques. Dans son *Histoire de l'astronomie*, monument
de profonde érudition, Bailly décrit les origines de la science,
et, dans une série de lettres publiées plus tard, il explique
la portée scientifique de certains Mythes et traditions de
l'antiquité qui ont un caractère cosmogonique ou astronomique. Voici à quelles conclusions l'étude des documents l'a
conduit : Un peuple dont l'existence est préhistorique (antédiluvienne) était en possession d'une haute science astronomique. Les grandes vérités astronomiques antérieures aux
travaux d'Hipparque et de Ptolémée, sont les restes épars
de cette science préhistorique. Les Chinois, Indiens, Chaldéens, Persans se rattachent scientifiquement à ce peuple.
Ils ont conservé de la science primitive des débris qui se
raccordent à un tout rationnel, mais dont ils sont hors d'état
de se rendre compte théoriquement. Ce sont comme des fossiles scientifiques dont leurs connaissances théoriques actuelles sont incapables de reconstituer le squelette. Bailly
place ce peuple primitif dans les régions hyperboréennes.
Il était arrivé, par des considérations purement scientifiques,
à lui assigner pour séjour la zone aujourd'hui inhabitée,
lorsque les célèbres découvertes de Pallas mirent hors de
doute l'existence préhistorique, dans les régions les plus
septentrionales de la Sibérie et de la Tartarie, d'un peuple
déjà fort avancé dans les arts et les travaux industriels : instruments usuels de cuivre, objets d'art et même des galeries de mines exploitées, témoins irrécusables du degré de
civilisation d'un peuple répandu sur une grande étendue de
pays. Ces découvertes étaient la confirmation matérielle des
conclusions de Bailly : ni le public, ni le monde savant n'osa
les adopter.

L'époque antédiluvienne ou tertiaire est devenue préhistorique, parce que l'homme n'en a conservé que des rémi-

(1) Bailly : Ses contemporains le traitèrent de visionnaire, parce qu'il
froissait leurs idées classiques ; la Terreur le décapita, parce qu'il était républicain libéral.

niscences vagues, après le grand œuvre de destruction cataclysmique et la suite des siècles; mais l'interprétation
rationnelle des Mythes cosmogoniques et les nombreux
documents historiques et autres, puisés à des sources si différentes, prouvent incontestablement qu'à l'époque tertiaire,
période falunienne, le globe possédait une humanité répandue sur tous les continents et des races civilisées, douées
d'aptitudes scientifiques, industrielles et artistiques.

Les patriarches antédiluviens de la Bible ne peuvent être
placés à une autre époque géologique.

Composition du terrain quaternaire. — Roches erratiques du Nord. — Mythe des Titans.

Les roches dites erratiques, placées principalement à la
base du terrain quaternaire, sont répandues dans toutes les
parties du globe. Quelques-unes sont séparées de leur lieu
d'origine par de vastes plaines et huchées sur des montagnes, à 600 mètres d'élévation au-dessus du sol; d'autres
ont dû franchir plusieurs collines et vallées pour arriver à
leur position actuelle. De longues traînées de roches, parties
des régions polaires, sont incomparablement le phénomène
erratique le plus remarquable. Les régions septentrionales
d'Amérique et d'Europe en sont parsemées. Ce sont des blocs
de granit, gneiss, porphyre, syénite, grès de transition. Quelques-uns mesurent plus de 100 mètres cubes. La Finlande en
est littéralement hérissée. On les trouve, en quantité innombrable dans toutes les plaines qui bordent les deux côtés de
la Baltique. Ils forment des traînées continues depuis la
Laponie jusqu'au bord de la mer, en traversant la Suède et
la Norwége. Les groupes sont dispersés à l'aventure ou réunis en colonnes allongées généralement du nord au sud; ils
ont alors l'aspect de longues collines moutonnées, s'avan-
çant par bandes parallèles, comme des troupes en marche.
Leur route est indiquée par des sillons tracés à différentes
hauteurs dans les collines granitiques qui ont bordé leur chemin. Les groupes scandinaves ont franchi la Baltique et ont
envahi l'Allemagne où ils s'étendent jusqu'aux montagnes
du Harz, qui leur ont barré le passage et les ont même refou-

lés de divers côtés. Les mêmes roches, réduites de volume, se retrouvent sur les côtes d'Angleterre et de France. Les traînées erratiques qui ont suivi la rive orientale de la Baltique, forment une suite continue de dépôts semblables aux précédentes, depuis le nord de la Russie, jusques sur les flancs des Karpathes.

Le fond de la mer Baltique est parsemé des mêmes roches. Les grandes traînées générales se ramifient sur leur route dans tous les sens et à de grandes distances.

Tout ce que nous venons de dire pour nous former une idée du mouvement erratique du nord ne concerne qu'une partie du phénomène total.

Les géologues modernes ont tenté d'expliquer le transport de cette quantité innombrable de roches abruptes ; mais l'imagination a toujours reculé devant l'émission d'une hypothèse sur leur origine.

Comment les physiciens de la haute antiquité, privés de la ressource de l'imprimerie, s'y sont-ils pris pour transmettre à la postérité l'enseignement de ce grand phénomène géognostique ? Une phrase a suffi : Les Titans déracinent les montagnes et amoncèlent roche sur roche pour escalader le ciel ; alors, Jupiter lance sa foudre et l'édifice est dispersé et les Titans sont anéantis.

Examinons les divers facteurs du Mythe : Les Titans sont des géants hyperboréens, l'édifice qu'ils élèvent est donc placé dans cette région du nord que les géologues indiquent comme lieu d'origine des roches erratiques. L'édifice est composé de roches abruptes et en quantité innombrable, puisqu'il doit atteindre au ciel : quantité et nature de roches qui répondent exactement aux descriptions géologiques. L'édifice est aussi assez élevé pour que sa dispersion produise des traînées de roches qui s'étendront à plusieurs centaines de lieues de distance, jusqu'aux Karpathes et aux montagnes du Harz, ainsi que les géologues l'ont constaté.

On voit donc que le Mythe cosmogonique des Titans fait ressortir, en quelques mots, toute la grandeur du phénomène que son auteur s'est proposé de décrire. Reste cette double question : existence d'une race de géants dans la zone hyperboréenne à l'époque falunienne, et sa destruction dans la catastrophe cataclysmique. Le Mythe est affirmatif sur les deux points; il exprime ce que la haute antiquité grecque admettait comme une vérité, et nous allons voir que les chroniques des divers peuples du globe en sont une confirmation.

Les légendes américaines signalent l'existence préhistorique d'une race de géants; elles disent même que les géants furent d'abord victimes d'une grande inondation, puis détruits dans une catastrophe universelle, accompagnée de tremblements de terre, de *chutes de montagnes*, d'ouverture de gouffres. Ces expressions, catastrophe universelle, tremblements de terre, chutes de montagnes, ouverture de gouffres, caractérisent exactement notre catastrophe diluvienne, dans laquelle les Titans furent anéantis.

De nombreuses légendes des peuples d'origine asiatique affirment l'existence antédiluvienne de certains peuples de géants qui n'ont plus laissé trace de leur existence postdiluvienne. Les Dives, les Péris étaient des peuples de géants qui habitaient, avant leur disparition, les régions hyperboréennes. Aristote et Platon admettaient l'existence préhistorique d'une race de géants. Notre savant Bailly dit que les Mythes et les traditions concernant l'existence préhistorique d'une race de géants placés dans le nord de là terre, sont trop précis et trop universels pour leur refuser le caractère d'une vérité transmise de génération en génération. La Genèse biblique admet aussi l'existence d'une race de géants antédiluviens : « C'étaient des hommes puissants et d'un grand renom »; et leur extinction est implicitement indiquée en ce qu'elle fait dériver toutes les races postdiluviennes de Sem, Cham et Japhet.

Interrogeons, maintenant, sur l'existence d'une race de géants, les données positives de la paléontologie falunienne.

A l'époque falunienne, la zone polaire était la région préférée des plus grands animaux de la création. La prodigieuse accumulation de leurs fossiles, dans toutes les parties abordables de la zone glacée, en est une preuve incontestable. Le climat qui y régnait n'était pas débilitant; il était, au contraire, tonique, puisque ces grands pachidermes étaient revêtus d'une fourrure laineuse, tandis que leurs semblables actuels en sont privés dans les régions chaudes où ils sont aujourd'hui confinés. Pour contenter les appétits de ces troupeaux d'animaux aux formes gigantesques, la zone polaire devait nécessairement jouir d'une fertilité exceptionnelle. Elle réunissait donc les conditions les plus favorables au développement physique du règne animal, et la race humaine qui habitait la même région devait être, de même, une résultante de ces conditions exceptionnellement favorables au développement physique de l'individu. Les hommes de cette race hyperboréenne étaient les grands Normands de l'époque par rapport aux habitants de la zone paradisiaque placée plus au sud.

Ainsi, les documents historiques des divers peuples de l'antiquité et les déductions tirées de la paléontologie, s'accordent à prouver qu'à l'époque falunienne, une race de taille extraordinaire habitait notre région polaire et qu'elle n'a pas survécu à l'œuvre de destruction cataclysmique.

Le récit allégorique des Titans, imaginé par le philosophe de la haute antiquité, est donc exact dans tous les termes de la phrase qui le contient; et la parfaite adaptation des autres Mythes cosmogoniques aux descriptions purement géologiques autorisent cette conclusion : La géologie relative à l'époque mythologique, n'est que le squelette du corps dont la mythologie cosmogonique est l'âme; l'une est une monographie, l'autre est la nature en action. Si les proverbes sont la sagesse des nations, les Mythes primitifs, débarrassés de l'injure des amplificateurs, sont la science de la haute antiquité.

Le cataclysme de disjonction lunaire n'a pu s'accomplir sans être accompagné des effets mécaniques suivants : Les pôles craquent (1), s'affaissent et fournissent les maté-

(1) L'aplatissement des planètes est proportionné aux masses des satellites qui les entourent et non conforme au système de formation de Laplace. Mercure et Vénus, qui n'ont pas de satellites, ne présentent pas d'aplatissement polaire, et les pôles de Vénus sont, au contraire, protubérants : d'où la conclusion rationnelle que la région polaire de la terre n'était pas aplatie à l'époque falunienne, c'est-à-dire, avant le cataclysme lunaire.

riaux des roches erratiques du Nord; les montagnes sont
secouées, vibrent et couvrent de débris les régions environ-
nantes; le giroscope terrestre accomplit, à la fois, son mouvement de bascule et un mouvement de recul proportionné
à la quantité de mouvement dont est animée la roche lunaire;
la mer falunienne abandonne violemment les continents pour
se précipiter dans son nouveau lit; l'immense cataracte est
suivie de ressacs, de ras de marée qui font retour sur les continents avec une puissance de dévastation incalculable; la
lune, au moment de son départ, exerce une puissance d'attraction tangentielle dont l'effet erratique sur les eaux et les
corps libres est immense. En même temps, surgissent les
plus grands soulèvements de montagnes relevés par Elie de
Beaumont.

L'ensemble de ces causes agissantes dépasse de beaucoup
l'énergie d'action que comportent les accidents géologiques
les plus extraordinaires qui sont signalés dans les descriptions du terrain quaternaire, en dehors des roches erratiques
du Nord.

A ces maximum d'effets succèdent, après un intervalle de
repos relatif, des séries de marées lunaires dont nous allons
expliquer la puissance. Conformément aux lois de la mécani-
que céleste, la première orbite décrite par la lune est très
allongée et son périhélie est très rapproché de la terre; les
marées deviennent alors des vagues hautes comme des montagnes qui se déroulent impétueusement sur les continents.
L'intervalle de temps compris entre deux retours au périhélie est un premier mois lunaire d'une durée considérable;
c'est un temps de repos entre deux ravages consécutifs.
Mais dès que la lune entre dans la zone aérienne sensible qui
circule autour de la terre, elle y reçoit des poussées circonfé-
rentielles qui arrondissent sa route, de telle sorte que le périhélie d'une nouvelle courbe est toujours plus éloigné de la
terre que le précédent; par suite, les vagues des nouvelles
marées sont diminuées d'énergie et le temps de la révolution ou intervalle de repos est raccourci. Les ravages occa-
sionnés par ces marées ont produit le terrain erratique appelé
diluvium marin, et nous verrons que sa constitution s'adapte
exactement à la causalité indiquée.

Pluies diluviennes.

Avant l'accomplissement du cataclysme lunaire, nos régions hyperboréennes jouissaient d'une température printannière constante; dans les autres régions régnait une température estivale ou torride, et l'atmosphère était saturée d'eau proportionnellement à cette température générale si élevée.

Notre hémisphère ayant passé, sans transition, de la saison d'été à la saison d'hiver, l'atmosphère s'est déchargée d'une quantité d'eau mesurée par la différence des températures extrêmes. A cette cause directe de grandes pluies il faut ajouter l'effet des immenses vagues que les océans ont jetées sur les continents, et, dès lors, les pluies diluviennes de quarante jours et de quarante nuits sont loin de devenir une exagération.

Telles ont été les causes agissantes : voyons si elles répondent aux faits matériels relevés par les géologues.

Description des terrains erratiques et des alluvions diluviennes.

Dans les pays scandinaves, des collines et des montagnes granitiques ont été attaquées avec tant de violence qu'elles présentent l'aspect de grandes vagues. Les roches des traînées titanesques ont été reprises, arrondies, triturées et englobées dans les marnes, sables, cailloux roulés que les vagues erratiques ont jetés sur le sol.

Les flancs du groupe alpin sont les points de départ d'un même diluvium qui se prolonge dans les plaines de la Bavière et de l'Autriche, dans les vallées de la Suisse, du Piémont, de la Savoie, de la Lombardie. En France, toutes les vallées qui débouchent des Alpes et aboutissent à la Méditerranée présentent un dépôt erratique, de structure torrentielle, composé de sables, marnes, blocs et cailloux roulés.

Les mêmes dépôts se retrouvent, avec les mêmes caractères de continuité, dans les vallées qui débouchent des Apennins et des montagnes d'Espagne. Le diluvium est plus épais et plus caillouteux dans les bassins hydrographiques placés

entre la mer et les chaînes de montagne. Il présente alors
une structure générale qui fait ressortir la diminution graduelle de la puissance des causes agissantes et l'intermit-
tence de leur action. Le diluvium de la Crau est le type le
plus caractéristique des formations diluviennes d'origine
marine. Il part de la Méditerranée, couvre de cailloutages
les plaines de la Crau, remonte les flancs des Alpes et se
rattache aux blocs isolés et huchés çà et là à différentes hauteurs. Il s'étage par zones distinctes dont les cailloux sont
plus petits et plus roulés à mesure que l'on descend vers la
mer. — L'explication de cette structure caractéristique est
facile. Les blocs les plus élevés représentent l'effet du maximum d'énergie des vagues cataclysmiques ; n'ayant plus été
repris par les vagues suivantes, ils ont le mieux conservé le
volume et les arêtes vives de leur forme primitive. La
seconde série des vagues erratiques a également laissé, à la
limite de son action, des matériaux de transport qui n'ont
plus été repris et triturés par les séries suivantes : ils doivent
donc être répartis sur une zone dont les roches et galets
soient plus gros et moins roulés que ceux de la zone placée
plus bas. Il en est de même de la troisième par rapport à la
quatrième, et ainsi de suite. La structure caractéristique du
diluvium marin typique répond donc exactement aux effets
des grandes marées diluviennes que la lune a dû mathéma-
tiquement produire, jusqu'à ce que l'arrondissement de son
orbite ait assez éloigné son périhélie pour que les marées
n'aient plus produit des ravages notables dans l'intérieur des
continents.

La composition générale du diluvium marin indique nettement que la cause agissante a été intermittente et non continue, car on y trouve, principalement à la partie inférieure,
des couches de lignite intercallées. Celui d'Italie renferme
même des couches de sel gemme.

L'adaptation des faits à l'action intermittente et graduellement diminuée de nos marées lunaires est donc complète.
Les fossiles de ce diluvium sont un mélange de produits
marins et continentaux ; les uns charriés par les torrents
diluviens, les autres par les vagues marines.

Nous avons vu que les différentes zones, nettement accusées dans le diluvium marin typique de la Crau, correspondent chronologiquement au retour de la lune à sa position périhélique ; l'intervalle entre deux zones consécutives correspond, par conséquent, à la durée d'un mois lunaire diluvien, et le nombre des zones compte, en mois lunaires, la durée de la période de formation du diluvium marin, et aussi la durée du diluvium général, puisque l'état actuel commence lorsque toute cause de ravages exceptionnels a cessé, et que rien ne permet d'en introduire une autre que l'action exceptionnelle de l'attraction lunaire.

Toutes les séries de grandes vagues qui sont allées se briser contre les flancs des chaînes de montagnes ou des coteaux, y ont accumulé d'immenses matériaux de transport. Les collines subapennines en sont le type adopté dans la nomenclature systématique. On les trouve dans toutes les parties du globe : sur les deux flancs de l'Hymalaya du côté de la mer; sur les flancs des Cordilières du Chili, où elles présentent même l'aspect de terrasses échelonnées à différentes hauteurs, chacune de ces terrasses correspondant ainsi, de haut en bas, comme les zones de la Crau, a une cause agissante graduellement diminuée d'énergie, avec intervalle de repos entre deux actions successives. L'accumulation des matériaux transportés en certains lieux atteint une épaisseur de 300 mètres.

Terrain erratique parisien. — Le sol sableux de la forêt de Saint-Germain, du bois de Boulogne et de Sablonville est un spécimen du terrain erratique. Il renferme des blocs de grès de Fontainebleau, des noyaux calcaires du Jura, des galets de granit et de syénite venus de la Bourgogne.

Alluvions diluviennes. — Si, maintenant, nous considérons une localité dont la position soit favorable à l'accumulation des eaux diluviennes et qui, dès le commencement de la période ou à partir d'un certain moment, se soit trouvée soustraite à l'action erratique, cette localité recevra un abondant dépôt d'alluvions exemptes du cailloutage erratique. Ces alluvions diluviennes, appelées alluvions anciennes, Lehm, Löes, etc., constituent des terrains très fertiles. Les plus remarquables de ces dépôts d'eau douce sont les fertiles terres noires de la Russie d'Europe et les fertiles terrains de l'Inde appelés terres à coton, et aussi ce Lehm du Nord où se trouve l'ambre et que les mythistes ont si bien caractérisé dans la seconde partie du Mythe de Phaéthon.

La période diluvienne a été traversée par quelques oscillations du sol qui se sont fait sentir en Grèce et dans l'Asie-Mineure, et dont Elie de Beaumont a composé son dernier système de soulèvement, celui du Ténare. Partout ailleurs, le diluvium a conservé son assiette primitive ; sa direction est commandée par la direction actuelle des terrains préexistants ; de plus, il n'offre aucun fossile qui lui soit propre : ce sont là autant d'indices d'une période de formation très restreinte.

Activité volcanique. — Les phénomènes erratiques, qui témoignent de la violence des causes agissantes, ont été accompagnés d'une activité volcanique correspondante. Les montagnes de l'Auvergne sont des accumulations de basalte et de trachite, émises principalement durant la période diluvienne ; elles sont le type adopté des éruptions volcaniques qui l'ont traversée.

Terrains miniers. — Les ravages erratiques, en triturant les roches, ont rendu libres les métaux et les gemmes précieuses qu'elles contiennent, mais en trop petite quantité pour que leur extraction directe soit profitable. C'est ainsi que l'on trouve, dans des couches actuellement meubles, des diamants, saphirs, topazes, de l'or, du platine, des oxydes d'étain et de fer. Les plus célèbres gisements sont : les terrains diamantifères du Brésil, de l'Inde, de l'Afrique méridionale ; les terrains aurifères d'Amérique et de l'Australie ; les riches mines de l'Oural et de l'Altaï ; les oxydes d'étain de Saxe, de Cornouailles, du Mexique, de l'Inde ; les mines de fer de Namur et de Charleroy.

Ces faits, mieux que toute parole, expriment la violence des ravages cataclysmiques et erratiques qui se sont étendus, à la même époque et avec les mêmes caractères, sur tous les continents du globe. Ils sont intimement liés entre eux, depuis les gros blocs huchés çà et là sur les flancs des montagnes, jusqu'aux poussières siliceuses des plages.

Mythes relatifs à la période diluvienne.

Tous ces violents phénomènes cataclysmiques n'ont pu s'accomplir sans produire des phénomènes atmosphériques d'une extrême énergie : des ouragans, des tempêtes électriques, des trombes d'une violence illimitée. Les Mythes, avons-nous dit, mettent la nature en action et ne font pas une monographie des terrains. Or, quelles forces sont ici en action? Ce sont les eaux des ravages erratiques, les pluies diluviennes, le déchaînement des éléments atmosphériques, le maximum d'activité volcanique. Voyons comment les mythistes, ces savants de la haute antiquité, ont décrit les faits dans leur langage imagé.

Le Mythe le plus explicite est intitulé : *dernière grande lutte de Zeus contre les éléments déchaînés qui ont conjuré sa perte*. Le titre indique déjà qu'il s'agit de décrire le dernier acte du grand drame qui a changé la face du monde. Ce Mythe est d'origine phénicienne.

Les ennemis du dieu sont Typhon et tous les monstres qui caractérisent les fléaux diluviens. Typhon revêt la forme d'un dragon; il est le père de toute cette famille de monstres symboliques qui combattent avec lui pour détrôner Jupiter. Les monstres obtiennent un premier triomphe; ils parviennent à arracher à Jupiter ses nerfs. Devenus tout-puissants, ils ravagent les plaines et les montagnes; les tourmentes atmosphériques, les feux des volcans, les fureurs de l'élément liquide bouleversent le globe. Mais Jupiter, grâce à une ruse, reprend ses nerfs, triomphe de ses terribles ennemis et rétablit l'harmonie de l'univers que les monstres avaient détruit. Et Typhon gît maintenant dans un lac, image de la tranquillité actuelle des mers. La violence de l'action typhonienne est représentée par la roche de Typhon, que les mythistes placent sur les flancs de différentes montagnes, mais qui est toujours citée comme huchée sur une hauteur, dans les divers récits de la lutte. Cette roche caractéristique est évidemment la même roche erratique huchée çà et là sur les flancs des montagnes d'Europe et dont l'explication a tant exercé l'imagination des géologues.

Certains auteurs mettent en action Hercule combattant avec Zens. Hercule devient alors la personnification du soleil qui s'attaque aux éléments atmosphériques. La victoire reste aux Dieux, et Typhon est précipité dans la mer, malgré les efforts des monstres qui combattent avec lui, et une roche est abattue sur sa tête. C'est encore l'image des vagues erratiques dont la rage, malgré la fureur des vents, s'épuise désormais contre les falaises des rives maritimes.

Encelade. — Encelade est un des plus terribles ennemis cataclysmiques de Jupiter. Les mythistes le placent sous l'Etna, le plus grand des volcans, et Encelade devient ainsi la personnification de l'activité volcanique de l'époque.

Combats d'Hercule. — Le Mythe des combats d'Hercule, débarrassé de ses prolixes enjolivures, représente les mêmes fléaux quaternaires, sous la forme propre aux mythistes grecs.

Typhon, le génie du mal, enfante dans une caverne les monstres hideux et terribles : la Chimère et le Sphinx, monstres réels, mais privés d'un corps saisissable; le Lion de Némée, symbole de la grande destruction cataclysmique des hommes et des animaux; l'Hydre de Lerne, image des ravages diluviens; Cerbère, le cruel chien de Pluton, image des forces plutoniennes qui se sont fait jour à travers les volcans de l'époque. Hercule combat et terrasse les trois monstres tangibles qui symbolisent les fléaux de la période diluvienne.

Selon l'historien Diodore de Sicile, les combats d'Hercule ont suivi de près l'apparition de la lune dans le ciel. Leur place est donc bien celle que nous leur assignons.

L'hydre à sept têtes mérite une attention spéciale. Une tête lui est coupée et bientôt une autre la remplace : c'est l'image des séries des vagues erratiques qui se succèdent. Le monstre ne meurt que si les sept têtes sont coupées à la fois; alors Cérès donne à Hercule une faucille d'or qui lui permettra de trancher les sept têtes d'un seul coup.

La Déesse des moissons fournit l'instrument précieux de la mort de l'hydre, parce que le terrain quaternaire constituant une bonne partie des terres arables dans un grand nombre de bassins hydrographiques, ces terres seront ainsı rendues au culte de Cérès.

· La Mythologie américaine décrit les mêmes luttes acharnées, les mêmes œuvres de destruction, placées à la même phase de l'action générale ; mais la puissance suprême qui combat est le soleil, dont l'existence est attaquée. Le soleil triomphe et alors commence le règne de l'âge moderne.

Conclusion.

Ainsi, les mythistes de l'ancien et du nouveau continent, malgré la différence des races et des lieux, ont décrit les mêmes phénomènes placés à la même époque. Ils ont reproduit fidèlement, dans leur langage figuré, les récits des rares ancêtres qui ont survécu aux cruautés de la nature.

La terrible catastrophe a bouleversé avec une égale éner gie le monde physique et le monde intellectuel et moral. L'homme s'est senti le jouet de forces surnaturelles brutales dont il ne comprenait ni le but, ni l'essence.

Naissance de Vénus.

La naissance de Vénus est loin de ressembler à l'apothéose de la déesse sortant du sein de la mer. Vénus est sortie de l'écume des flots, mêlée au sang d'Uranus.

Le Mythe, essentiellement cosmogonique, est celui-ci :

Saturne, fils d'Uranus, donne un coup de faux à son père ; le sang d'Uranus se mêle à l'écume des flots, et Vénus sort de ce mélange de sang et d'écume.

Explication : Saturne, sous l'attribut du Temps, personnifie le règne de l'âge d'or, l'époque antédiluvienne. Fils dénaturé, il fait couler le sang d'Uranus, dieu de l'Univers. Le sang d'Uranus est ainsi l'image du sang des innombrables victimes de la catastrophe diluvienne qui a fait périr la presque totalité des hommes et des animaux. L'écume des flots est l'image des vagues écumantes qui ont ravagé les continents et se sont mêlées au sang des innombrables victimes du déluge universel ; et Vénus, la déesse de la fécondité terrestre, qui sort de ce mélange de sang et d'écume, c'est la fertile vallée qui est enfin délivrée des ravages diluviens et rendue à sa fécondité naturelle. Ce Mythe exprime donc la fin de la période quaternaire, et le commencement de l'époque moderne des géologues.

Hercule se transporte au jardin des Hespérides et en rapporte la pomme d'or.

Les auteurs les plus sérieux de l'antiquité placent le jardin des Hespérides où alla Hercule au delà du Caucase, dans les régions hyperboréennes, régions glacées, couvertes de nuages sombres. Dans ce Mythe cosmogonique, comme dans les précédents, Hercule personnifie le soleil. En entrant dans la région où le jardin _ _ placé, il devra quitter ses dards, c'est-à-dire que les rayons du soleil ne traversent pas les nuages sombres qui couvrent la région.

La pomme d'or qu'il va chercher n'est pas plus une orange qu'un autre fruit, elle exprime les fruits que le soleil mûrissait au pays du jardin paradisiaque, à l'époque de l'âge d'or, c'est-à-dire, avant la catastrophe dont le Mythe de Phaéthon et celui d'Adonis ont fait connaître les effets astronomiques et climatériques.

Hercule rapporte le précieux fruit : c'est le soleil qui, ayant repris son éclat, répand sa lumière et sa chaleur sur le sol de la nouvelle patrie grecque, et le rend capable de reproduire les fruits de la patrie primitive devenue inclémente.

Ce Mythe a donc, sous un autre aspect, la même signification que celui de Vénus. La savante corporation qui a composé ou complété les Mythes cosmogoniques, n'a pas enfanté les amplifications dénuées de sens cosmogonique, dont son œuvre générale a été ensuite surchargée.

Fable du Phénix.

La fable du phénix se place évidemment ici : Ce phénix qui renait de ses propres cendres, c'est le Soleil qui reprend son éclat primitif, après les catastrophes diluviennes, par la vertu de sa propre vitalité et sans l'aide d'aucun dieu.

Les trois compositions se rapportent bien réellement à l'inauguration de l'époque géologique moderne.

Prométhée.

Nous pouvons, maintenant, aborder le Mythe grandiose et plein de sauvage énergie du géant Prométhée.

Prométhée ayant dérobé le feu du ciel est enchaîné sur un rocher, et un aigle lui dévore le foie sans cesse renaissant.

Prométhée a dérobé le feu du ciel. Les commentateurs ont donné à ce feu des natures bien différentes : le feu de nos foyers; la chaleur du corps humain; l'âme. Si Prométhée avait doté l'humanité de l'un de ces inappréciables bienfaits, le génie grec l'eût divinisé et non martyrisé. Mais voici le crime pour lequel les mythistes lui ont infligé le cruel supplice. Prométhée est père de Deucalion, personnification des catastrophes diluviennes qui ont porté de si rudes atteintes au Soleil, et le feu du ciel, dérobé par Prométhée, n'est autre que la chaleur et la lumière de l'astre radieux, chaleur et lumière qui ont disparu totalement ou en grande partie, suivant les régions, durant la période des ravages diluviens. Tel est le crime ; voyons le supplice.

Prométhée est enchaîné sur un rocher d'où il peut voir l'œuvre de destruction qui lui mérite le supplice. Un aigle lui dévore le foie sans cesse renaissant : l'aigle n'attaque ni le cœur, ni les entrailles, mais le foie, le viscère de la bile qui porte les hommes doués d'un tempérament bilieux à commettre des actes violents.

Hercule allant au jardin des Hespérides rencontre sur sa route le grand supplicié. Prométhée lui indique la route qui mène au jardin et Hercule, par reconnaissance, le délivre de ses chaînes. A ce moment, Jupiter aidé d'Hercule, avait déjà rétabli l'harmonie de l'univers, et le supplice de Prométhée a duré ce qu'ont duré les calamités du déluge de Deucalion; et maintenant Prométhée peut quitter son rocher et descendre dans les vallées débarrassées des inondations diluviennes.

Le grand Mythe de Prométhée représente donc encore la fin de la période quaternaire et l'inauguration de l'époque géologique moderne.

De tout ce qui précède, nous pouvons conclure que l'ensemble des Mythes cosmogoniques des divers peuples de l'antiquité est l'histoire précise et détaillée des divers phénomènes dont se compose le grand drame diluvien, la plus grande catastrophe dont l'homme ait été témoin.

Saturne.

Saturne, fils d'Uranus et de la Terre, est aussi appelé le Temps. Mais Saturne a un commencement, de plus, son règne est limité, et c'est son propre fils, Jupiter, qui le remplace. Or, le temps n'a pas de commencement et son règne n'a pas de fin : faire de Saturne la personnification du Temps serait donc une absurdité, et les compositions des mythistes n'en contiennent pas. Mais une époque est remplacée par l'époque suivante et ne peut être remplacée autrement. Dès lors, Saturne, sous l'attribut du Temps, personnifie seulement l'époque de son règne, celle de l'âge d'or, l'époque antédiluvienne. Il est détrôné par son propre fils Jupiter, dont le règne date, en effet, du moment où s'accomplit le cataclysme. A ce moment, Jupiter a atteint l'âge d'homme, il chasse son père du trône, il combat et anéantit les monstres diluviens; il établit la nouvelle harmonie de l'univers et, par ce fait, il devient la personnification de l'époque moderne.

Pour les mythistes grecs, les deux époques sont nettement et rationnellement séparées par l'accomplissement du cataclysme qui a changé les conditions physiques du globe. Les géologues ont adopté pour ligne de séparation entre les deux époques, les dernières alluvions diluviennes qu'il est impossible de bien distinguer des premières alluvions modernes.

Mythe de Saturne vomissant la roche, Pluton et Neptune.

Il nous est facile maintenant de comprendre le Mythe qui marque la fin du règne de Saturne.

Saturne, qui dévorait ses enfants mâles, renfermait en son sein Neptune, Pluton et la roche emmaillottée que Rhéa substitua à son fils Jupiter le jour de sa naissance. Lorsque Jupiter, élevé dans une grotte à l'insu de son père, eut atteint l'âge de régner, on administra à Saturne un breuvage qui lui fit vomir la roche, Pluton et Neptune. Ce Mythe, d'une rudesse toute primitive, exprime l'explosion du cataclysme lunaire dans toute sa brutalité. La catastrophe s'accomplit accompagnée de l'expansion des forces plutoniennes et neptuniennes, les deux grands facteurs des calamités diluviennes.

Nous avons cité cinq Mythes grecs qui reproduisent le phénomène cataclysmique; mais aucun ne se répète entièrement, chacun a une signification propre, en ce qu'il fait ressortir par une allégorie spéciale l'une des conséquences physiques du phénomène. Ainsi : 1° le vomissement de Saturne est l'explosion de la catastrophe; 2° le Mythe de Phaéthon vise spécialement l'effet astronomique et l'effet climatérique; 3° la triple divinité de Diane indique l'état matériel du continent en place et sa transformation en une lune qui devient une agglomération de roches brisées; 4° l'enlèvement d'Europe est l'ascension de la roche lunaire; 5° le Mythe d'Adonis fait connaître l'effet astronomique dans la région des six mois de jour et des six mois de nuit. La description du phénomène et de ses conséquences physiques est donc complète.

Saturne, avons-nous vu, personnifie une époque et non le temps absolu : le Dieu armé d'une faux n'est donc plus un emblème de la vie limitée par le temps, et le Mythe de la naissance de Vénus a indiqué la signification mythique de cette faux qui a fait couler le sang d'Uranus.

Mais si les mythistes ont fait jouer de la faux à Saturne, c'est que l'instrument, selon ces historiens, était déjà en usage à l'époque saturnienne. D'autre part, ils ont aussi fait de Cérès, déesse des moissons, une divinité antédiluvienne, une fille de Saturne et de la Terre, enseignant ainsi, d'une façon toute directe, que l'homme tertiaire récoltait des moissons.

Les mythistes et les religions de l'antiquité.

Les Mythes cosmogoniques sont la base de toutes les religions de l'antiquité païenne. Leur signification scientifique a été d'abord connue du peuple qui adoptait le Mythe le mieux composé au point de vue de la description allégorique du phénomène, et comme les causes agissantes étaient d'apparence surnaturelle chaque Mythe était divinisé.

Plus tard, les prêtres préposés au culte des Dieux qui personnifiaient l'action physique, ont seuls conservé le sens des Mythes et ils en ont fait un secret professionnel. Le profane avait le Mythe vulgaire, le sacerdoce avait le Mythe scientifique ; et l'initiation aux mystères consistait à donner par degrés l'instruction scientifique aux néophytes jugés dignes de la recevoir, après avoir passé par de rudes épreuves. Ces épreuves étaient telles que chaque néophyte a gardé religieusement le sceau du secret qui lui a été confié.

Il est inadmissible cependant que les grands esprits du siècle de Périclès, par exemple, aient accepté le Mythe vulgaire, sans y attacher un sens physique réel. Le grand positiviste Aristote professait une admiration pour les Mythes : il en connaissait donc la valeur scientifique. Mais on n'osait en parler librement, dans la crainte d'être traité de contempteur des dieux et de subir le sort de Socrate. C'est, peut-être pour cette raison que le célèbre manuscrit de Solon, qui renfermait les révélations du sage d'Égypte, n'a pas été publié par son auteur, ni transcrit textuellement par son neveu, le métaphysicien Platon, auquel il l'avait légué.

Genèse mythique.

La Mythologie est panthéiste.

Uranus, l'Univers et le premier des dieux, ne crée pas la

matière, il est lui-même la nature matérielle universelle, et il possède une force organisatrice inhérente à la matière et dont l'origine est l'insaisissable *causa rerum*. De son union avec la Terre est née l'espèce humaine. L'homme devient ainsi le produit de la force créatrice universelle, et d'une force créatrice spéciale ; il est une résultante du grand tout et du milieu spécial où il naît. C'est proclamer le grand principe d'une unité dans la création et d'une variété dans l'individu, la plus haute conception d'une Genèse panthéiste. Les philosophes mythistes ne font pas sortir la femme d'une côte de l'homme, afin d'enseigner que la femme sera servante de l'homme; ils créent le couple et Saturne a pour femme sa propre sœur. Ils créent aussi deux races : une de grande taille, celle de Titan, et une de taille ordinaire, celle de Saturne. Ils admettent donc la pluralité des races. La Bible, sans parler de l'origine de la race titanesque, en admet cependant la coexistence avec celle d'Adam à l'époque antédiluvienne, car elle dit : En ce temps, il existait un peuple de géants, renommé et puissant.

Les mythistes font naître Titan avant Saturne, et ils placent le premier dans la région polaire et le second, plus au sud, dans la région paradisiaque; de plus, ils attribuent l'autorité à Saturne et non à son aîné le Géant. En d'autres termes, les conditions physiques favorables au perfectionnement du règne organique dont l'homme est le type le plus élevé, ont progressé en allant du nord au sud; la race polaire, créée la première, était de plus grande taille que la race paradisiaque; mais celle-ci était plus intelligente, puisque l'autorité lui a été dévolue.

Abstraction faite de la valeur absolue de son panthéisme, la Genèse mythique est certainement beaucoup plus scientifique que la Genèse biblique (1).

(1) La Genèse de Moïse est empreinte du caractère national, et la race israélite, éminemment pratique, n'a jamais été scientifique. Je ne trouve même qu'une seule grande pensée philosophique dans les livres de Moïse, celle-ci : Dieu, le principe. C'eût été une révélation sacerdotale dans l'esprit d'un philosophe ; Moïse, le politique, se contente du mot, et il donne à Israël le Dieu qui ordonne de traiter le peuple vaincu à la façon de l'inter-

Considérations générales.

L'inclinaison de l'axe de rotation de la terre a eu pour effet immédiat une perturbation climatérique générale qui a dû influer profondément sur les conditions, de toute nature, de la longévité de l'homme. D'après la Bible, la durée de la vie moyenne a été raccourcie de moitié immédiatement après la période diluvienne. Elle a été ensuite graduellement et nettement diminuée de génération en génération. Elle serait aujourd'hui moins que le vingtième de la longévité des patriarches antédiluviens. Nous ne pouvons contrôler l'exactitude des chiffres absolus indiqués dans la Bible ; nous ne savons même pas quelle était la durée de l'année antédiluvienne des patriarches; mais on ne peut refuser le caractère d'une vérité à cette dégradation de la longévité accomplie de génération en génération, pendant un laps de temps, par suite du changement des conditions d'existence. D'autre part, la perturbation climatérique a été tellement nuisible au développement physique de l'animalité, que les mammifères tertiaires, aux proportions gigantesques, ont totalement disparu du globe : l'éléphant de 7 mètres, les grands lions et ours des cavernes, le dinothérium, le kangourou géant d'Australie, le mégathérium des pampas, la tortue de 4 mètres n'existent plus ; et l'espèce humaine n'a pu faire exception à cette dégénérescence générale. Plusieurs auteurs de l'antiquité disent que la taille de l'homme est allée en diminuant, à partir de la catastrophe diluvienne, et les fossiles humains que renferme le terrain diluvien se rapportent, en effet, à deux races d'hommes: l'une, la plus nombreuse, de grande taille ; l'autre, petite, trapue, à face prognate : espèce de Lapon à figure de singe. Toutes ces décadences se relient entre elles et sont les conséquences naturelles de la même cause.

---

dit, c'est-à-dire l'anéantissement complet, sans merci, se disant : Les morts ne reviennent plus et leur massacre sert de leçon aux vivants. N'est-ce pas ce que se disent encore les politiques de nos jours, à en juger par leurs actes? C'est que l'inhumanité est obligatoire dans le grand métier. O peuple! un peu de bon sens; il t'inspirera un peu d'humanité, et alors tu ne voudras plus être ce que tu es : l'instrument et la victime du dominateur.

La grande catastrophe nous a fait perdre le travail accumulé de l'intelligence humaine depuis la création de l'homme jusqu'à la fin de l'époque antédiluvienne, et nous avons vu l'effet qu'elle a produit au point de vue religieux. Nous possédons, aujourd'hui, ce que nous appelons les merveilles de l'industrie, le trésor des sciences, les bienfaits de la civilisation. Mais nous avons aussi, toujours, le grand fléau de l'humanité, l'insatiable ambition ; celle qui veut une auréole dont les rayons soient de sang ; celle qui veut des hécatombes humaines dont la moitié des victimes soit prise dans la propre notion de l'ambitieux superbe. Nous voyons s'étaler, dans les hautes régions sociales, la fourberie diplomatique renforcée de l'hypocrisie religieuse pour servir les brutalités de l'ambition. Nous voyons un peuple, placé au centre de l'Europe civilisée, employer son temps, son argent, son intelligence à perfectionner l'art des tueries humaines ; imprégner la nation de haine et de mépris envers la nation voisine, afin de surexciter les ardeurs guerrières ; fomenter la discorde chez son voisin, afin de le trouver affaibli le jour, fixé d'avance, où les hordes armées envahiront le pays. Nous le voyons proclamer, sans vergogne, et appliquer, sans remords, ces deux principes barbares : la force prime le droit ; la suprême fourberie est la suprême habileté. Et la civilisation européenne ne s'est pas encore écrié : Il faut détruire un tel peuple ! Bien plus, elle le salue. Quelle oblitération du sens moral !

Bordeaux. — Imprimerie Nouvelle A. BELLIER, rue Cabirol, 16.